Dr. med. Ulrich Kübler

Die Diktatur der Algorithmen

Copyright: © 2017 Dr. med. Ulrich Kübler
Lektorat: Erik Kinting / www.buchlektorat.net
Umschlag & Satz: Erik Kinting
Titelbild: © xijian (ixtockphoto.com)

Verlag: tredition GmbH, Hamburg
Printed in Germany

Bibliografische Information der Deutschen Nationalbibliothek:
Die Deutsche Nationalbibliothek verzeichnet diese
Publikation in der Deutschen Nationalbibliografie;
detaillierte bibliografische Daten sind im Internet
über http://dnb.d-nb.de abrufbar.

Inhalt

Vorwort

Algorithmen schleichen sich immer tiefer und intensiver in unser Leben, in die Zellen und die Gehirne ein. Die Digitalisierung stellt eine mögliche Technologiefalle dar. Der Mensch kann bei der Interaktion mit Computern gezwungen werden, neue Identitäten anzunehmen.

Mit Zellen wird dies schon praktiziert. Erst wird die Zelle gezwungen neue Identitäten anzunehmen, dann der ganze Mensch. Die Reparatur von Zellen gilt jetzt als einklagbar, ein entsprechender Nichteingriff als Straftatbestand: Dies ist die *Diktatur des Rechts*. In einem totalitären Staat könnte die Ausrichtung der Bürger zu einem standardisierten Personentyp erlaubt oder sogar angeordnet werden.

Dieses Essay versucht darzulegen, womit Sie angesichts fortschreitender Digitalisierung rechnen müssen.

Algorithmus als höherer Bewusst-
seinszustand?

Die Einschätzung der Geschichte ist dem menschlichen Verständnis davongelaufen. Es ist Zeit innezuhalten und sich neu zu sortieren.

Ein Algorithmus gilt als höherer Bewusstseinszustand, dem alles zu unterwerfen ist und dem tatsächlich alles unterworfen wird, woraus Metamorphosen entstehen – selten zum Guten und Schönen, eher zum Hässlichen und Ambivalenten.

Können die Algorithmen einer künstlichen Intelligenz wahrheitsfähige Ziele definieren?
In diesem Zusammenhang zitiere ich den Philosophen Spaemann:
Der Mensch hat weder die Gesellschaft gemacht (sie war immer schon da) noch die Sprache (in welcher hätte man sich auf sie einigen können?) noch überhaupt etwas im strikten Sinne geschaffen.
Für Robert Spaemann ergibt sich daraus, dass alles Notwendige immer schon da war und das Wirklichste zugleich auch dasjenige ist, was sich nicht ersetzen lässt.
Wir müssen ein Bewusstsein annehmen, dem alles, was einst wirklich war, auch dann noch präsent ist,

wenn alles vergangen sein wird. Zu jeder Vergangenheit gehört eine Gegenwart, für die sie Vergangenheit ist. Also muss es, wenn alles das Zeitliche gesegnet hat, noch jemanden geben, der das feststellt.

Die Zerstörung des Bewusstseins durch Algorithmen

Algorithmen operieren wie Roboterwaffen in einem rechtsfreien, ja bewusstlosen Raum. Dennoch geben wir ihnen immer mehr Raum, indem wir sie auch noch unsere Gedanken lesen lassen. *facebook* arbeitet an einem Verfahren, Informationen in das Gehirn einzubringen. Dies ist der Einstieg in die totale Vernetzung und das Ende der Privatsphäre.

Wenn die Gedanken nicht mehr frei sind, ist die Katastrophe vorprogrammiert. Die transhumane Welt ist dann nur noch eine algorithmische. Dieser Grenzenlosigkeit des technisch und biologisch Machbarem müssen wir uns widersetzen. Es ist daher zu fragen: Überlebt das Gedächtnis (der Zelle) die künstliche Intelligenz?

Es sollte noch einmal geklärt werden, was überhaupt ein Algorithmus ist, denn es handelt sich letztlich nur um eine Methode, an die man sich hält, wenn man etwas berechnet. Eine Abfolge von Schritten, mit deren Hilfe Berechnungen angestellt, mathematische und inzwischen auch sonstige Probleme gelöst und Entscheidungen getroffen werden können.

Inzwischen wird allen Ernstes behauptet, dass Empfindungen, Emotionen und Wünsche nur hochgradig verfeinerte Algorithmen sind, siehe *Homo Deus* von Yuval N. Harari: Er hat die Chuzpe in seinem Buch Folgendes auszuführen:

Algorithmen steuern das Leben aller Säugetiere und Vögel und vermutlich einiger Reptilien und sogar Fische und wenn Menschen, Paviane und Schweine Angst empfinden, dann laufen in ähnlichen Gehirnregionen ähnliche neurologische Prozesse ab. Sehr wahrscheinlich also machen verängstigte Menschen, verängstigte Paviane und verängstigte Schweine ähnliche Erfahrungen. Natürlich gibt es auch Unterschiede. So zeigen etwa Schweine offenbar nicht die Extreme von Mitleid und Grausamkeit, durch die sich Homo sapiens auszeichnet, und auch das Staunen fehlt ihnen, das den Menschen überkommt, wenn er in die Unendlichkeit des Sternenhimmels blickt.[1]

---

[1] *Homo Deus: Eine Geschichte von Morgen*, C. H. Beck, S. 121

Wenn Sie diese Zeilen lesen, werden Sie verstehen, dass Yvonne Hofstetter, Geschäftsführerin der *Teramark Technologies GmbH*, die also die Gefahren im Umgang mit großen Datenmengen kennt, Angst und Bange wird vor der Allmacht der Algorithmen. Um der Öffentlichkeit die Tragweite der Algorithmen klarer werden zu lassen, schrieb sie einige bemerkenswerte Bücher[2].

Algorithmen waren ursprünglich eine indische Methode des Rechnens, verfeinert vom Araber Al Quasini. Ihre Gefährlichkeit entstand als durch die Erfindung der Transistoren, durch die die Rechenoperationen der Algorithmen unbegrenzt fortgeführt werden und praktisch unbegrenzt mit Speicherungsfunktionen kombiniert werden können. Seitdem das der Fall ist, entsteht eine Soziopathie des Computers: Computer und Algorithmen ziehen Soziopaten, Paranoiker und machtverliebte Menschen oder Organisationen an. Einige von ihnen glauben die Erde verlassen zu können, respektive die Erde nicht mehr berücksichtigen zu müssen, ebenso wenig wie die Individualität und Würde der Zelle.

Tatsächlich wäre die Erde ohne einige dieser Algorithmen besser. Algorithmen beschleunigen die negativen Seiten des Anthroprozäns. Sie ermögli-

---

[2] *Das Ende der Demokratie*, C. Bertelsmann, 2016 und *Sie wissen alles*, Penguin, 2016

chen einen Eingriff in die zelluläre Kommunikation. Sie erlauben die Beherrschung der Kommunikation. Sie sind praktisch unbegrenzte Beschleuniger der soziologischen und politischen Metamorphosen des 21. Jahrhunderts und werden nicht nur im militärischen Bereich eingesetzt, wo sie als Aufklärungs- und Freund-/Feind-Erkennungssysteme eine Rolle spielen, Drohnen steuern und Exekutionen (!) durchführen.

In der Kombination aus *BigData* und Algorithmen entsteht der *Fluch der Daten*. Vor dieser Art des digitalen Imperialismus sollte die Gesellschaft geschützt werden.

Algorithmen sind, wie Drohnen auch, Waffen. Sie müssen einem Transparenz- und Akzeptanzgesetz unterworfen werden, denn sie sind das Hauptwerkzeug der Planetenmanager, die sich die Zelle, die Erde und das Weltall unterwerfen wollen.

Der Mensch hat zu Recht Angst vor dem Unkontrollierbarem, er muss aber begreifen, dass auch Algorithmen unkontrollierbar sind, denn es werden immer mehr algorithmisch gesteuerte Roboter erzeugt und bald werden Roboter Roboter bauen können. Damit erreichen Algorithmen eine gefährliche Singularität und dringen in einer Art und Weise in unser Leben ein, die der einzelne nicht mehr steuern kann. In immer mehr Bereichen des Lebens und der Wirtschaft sind Algorithmen das neue Geschäftsmodell:

Abhören, Speichern und Steuern: Das Ende der Privatsphäre.

Auf Kollateralschäden wird keine Rücksicht mehr genommen. Besonders gefährlich ist die Datenfusion, wie sie im Bereich der militärischen Luftfahrt und auch zunehmend in der Medizin mittels Erkennung von Text, Sprache, Bildern und Spektren üblich ist. Das sind keine Glückseligkeits-Algorithmen mehr, sondern kaum noch steuerbare Allmachtsmaschinen.

Die EU arbeitet schon daran, solchen Maschinen eine digitale Persönlichkeit anzuerkennen und das noch bevor die Persönlichkeitsrechte des Menschen und seiner Zellen vor einer genomischen und proteomischen Manipulation durch diese Algorithmen ausreichend geschützt worden sind. Wenn das so weitergeht, sind Algorithmen das Ende der bisherigen Menschheit. Es ist daher digitale Souveränität zu fordern, sonst ist das Überleben der Zelle und des menschlichen Bewusstseins – zumindest unbeschädigt – nicht zu erwarten. Algorithmen zerreißen das Band der Generationen und hinter der Fassade der Zivilisation lauern die alten Dämonen.

Wir nutzen Roboter in Logistikzentren, demnächst im Verkehr, heute schon teilweise für die Wettervorhersage. Roboter helfen bei der Auswahl von Versicherungen und sollen medizinische und juristische Experten ersetzen. – Die Digitalisierung erzeugt eine Beschleunigungsspirale der Wirtschaft. Aber Vorsicht, auch die erfolgreichen Anbieter von Digitalisierungsplattformen sind entweder nicht profitabel oder nicht beschäftigungsrelevant. Irgendwann wird künstliche Intelligenz zu einem öffentlichen Gut werden und schon heute werden die Erträge vor allem durch die Substitution von Personalkosten erzielt. Wachstum ist etwas anderes. Dies wird Nationalismus und Populismus verstärken, denn die Motoren dieser Bewegungen sind Verlustängste, hauptsächlich in Bezug auf, was wir *menschliche Arbeit* nannten, und so sind wohl die drängenden Fragen derzeit:

1. Wer baut die Roboter, die die Roboter bauen?
2. Wer macht aus Daten Geschäftsfelder?
3. Wer schafft nationale Beschäftigungs-, Bildungs- und Sozialsysteme, die diese Transformation überleben?

China hat derzeit 100 Roboterhersteller und will in zehn Jahren mit Deutschland und Japan gleichziehen.

Die Welt schließt sich allein unter dem Einfluss der Technik zu einem zunehmend totalitäreren System zusammen.[3]

Der Einbruch des Digitalen in die Zelle und den Gesellschaftskörper erfolgt schleichend und unbemerkt. Neben dem Futurismus und Archaismus ist jetzt das Digitale das Werkzeug, um aus einer lästigen Gegenwart auszubrechen und auf eine andere Ebene des Zeitstromes zu springen.

Amerika diskutiert über schießende Polizeidrohnen, kombiniert mit Daten- und Bilderkennung. Außerhalb der USA wird von den Amerikanern bereits ohne Anklage exekutiert. Wie bei den mörderischen Kriegsdrohnen fallen in Zukunft womöglich auch in den USA selber Legislative, Judikative und Executive zusammen und die Henker schauen den Hinrichtungen in Echtzeit zu.
Die NATO nimmt bei ihren drohnengesteuerten und von Tornado-Aufkärungsbildern gestützten Anti-Terror-Tötungen pro Terrorist die Tötung von zehn Unschuldigen als Kollateralschaden in Kauf.

---

[3] *Sie wissen alles*, Hofstetter, Yvonne, Penguin Verlag

Diesen hat sie sich als angeblich *völkerrechtlich zulässig* genehmigen lassen. Tatsächlich liegt die Rate der Kollateralschäden je nach Einsatz zwischen 1:20 bis 1:40, es kommen also 20 bis 40 unschuldige Opfer auf einen getöteten *echten* Terroristen. Die kommandierenden Generale und Politiker sind eigentlich Fälle für Strafgerichtshöfe, werden aber nicht verfolgt. Die Nicht-Verfolgung dieser Straftaten verstößt jedoch gegen die nationale und internationale Rechtsordnung.

Aber machen keine Sorgen, es wird für den Normal-Bürger jetzt ein Drohnenführerschein eingeführt: Alle mehr als 250 Gramm schweren Drohnen müssen ein Schild mit dem Namen des verantwortlichen Halters tragen. Eine gute Regel, das sollte auch für das Militär gelten. Es heißt dann: *Diese Drohne fliegt in der Verantwortung von ...* Da steht dann wahlweise Donald Trump, Angela Merkel oder wer sonst freiwillig die Verantwortung übernimmt.

Der internationale Strafgerichtshof in Den Haag sollte eine eigene Abteilung einrichten zur Aufklärung und Verfolgung digitaler Verbrechen, u. a. begangen durch Drohnen. Wer gibt die jeweiligen Tötungsbefehle?

Dies wäre ein erster Ansatz, um die Daten-Hoheit und den Respekt vor dem Leben zurückzuerlangen – eindrucksvoll zurückzuerlangen. Stattdessen beschäftigen sich Institutionen wie die *Wettbe-werbszentrale* damit, ob die *Cookies* auf den Web-sites der digitalen Branche auch ja nicht den Ver-braucher gefährden, sprich: die Geschäftsmodelle der analogen Welt. Dafür hält man sich professorale Gutachter und andere Influencer.

Die Zahl der durch Drohnen Getöteten ist genau zu registrieren und per Internet der Weltöffentlichkeit täglich mitzuteilen.

Im Mittelalter gab es den Begriff *vogelfrei*, wenn strafffrei getötet oder ermordet werden dufte. Heute passt besser der Begriff *drohnenfrei*. Und: *droh-nengeil* – bezogen auf all jene, die damit weltweit völlig neue Möglichkeiten erschlossen haben, um sich unliebsamer Mitbürger zu entledigen.

Auch deutsche Sicherheitspolitiker rüsten auf: Überall werden Videokameras installiert, mit Ge-sichtserkennungssoftware wird *experimentiert*. *Google* arbeitet daran unsere DNA zu analysieren und unsere Gehirne, Gedanken und Wünsche zu kartografieren und zu antizipieren.

Ja, am besten gleich das Gehirn an das Internet anzuschließen. *facebook* und *Google* arbeiten da-ran. Gelähmten könnte das nützen, wird gesagt. Da ist sie wieder: die Ambivalenz.

Durch die allgemeine Vernetzung werden die Systeme, z. B. die Steuerung von Kraftwerken und Zügen oder die Software des Deutschen Bundestages, immer verletzlicher. Deswegen beschäftigt jetzt auch die Bundeswehr Cyber-Krieger und entwickelt Trojaner, also schädliche Software. Diese sollen nach dem Willen der Kanzlerin und ihres Sicherheitsministers auch gezielt angreifen und *böse* Computer zerstören dürfen, u. a. wenn diese im Verdacht stehen unsere Wahlen zu beeinflussen oder uns den Strom abzuschalten.

Da kann man sich nicht sehr sicher fühlen. Bis heute wissen diese Cyber-Helden nicht mal, wer regelmäßig auf dem Bundestagserver mitliest oder ob die Hochgeschwindigkeitszüge der *Deutschen Bahn*, die keine funktionierenden Klimaanlagen haben, von selbst stehenbleiben oder gehackt wurden.

Die Minister machen sich keine Sorgen um die Privatsphäre oder die Unverletzlichkeit der Autonomie, nein, abgehoben vom Denken und Fühlen des Bürgers, der ja angeblich der Souverän ist, wird eine Gefahr antizipiert und einfach Geld für eine fragwürdige Aufrüstung ausgegeben. Es die altbekannte Spirale: Der Gegner ist *böse*, also müssen wir es auch sein und programmieren *Staatstrojaner*. Tatsächlich wünschen sich diese sogenannten *Sicherheitspolitiker* Gedanken- und Verhaltenskontrolle. Gesichtserkennung ist da ein Einstieg. Zunächst wird nach verlorenen Kindern gesucht, das klingt ja gut, später dann nach missliebigen Personen, die sich in Sicherheit bringen wollen. Wie in China werden dann Punkte verteilt für kooperatives Verhalten. Es entsteht ein digitaler Polizeistaat und die ahnungslose Bevölkerung lügt sich mit dem törichten Spruch *Wer nichts zu verbergen hat, muss sich keine Sorgen machen* immer tiefer in den kafkaesken Sumpf.

Die sozialen Medien streben ja ganz rührende Hilfestellungen zu ihrer verbesserten Nutzung an. Auch *facebook* möchte ihre Gedanken lesen. Der Schutz vor Shitstürmen ist dann sekundär.

Und wie immer trägt die Herstellung oder gar Anwendung neuer Waffen nicht zu tatsächlicher Stabilität bei. Diese wäre einfach zu erhalten gewesen: Wer hat denn verlangt, bei der Einführung digitaler Telefon- und Steuerungssysteme den analogen Modus abzuschaffen?

Es werden nicht nur Staatstrojaner geschaffen, sondern auch digitale Cybersoldaten, also digital gesteuerte Angriffs- und Tötungs-Maschinen. Durch Änderung der Verfassung und Sondergesetze wird das legitimiert – oder durch primitive Argumente, wie sie die Begründung des deutschen Innenministers für das staatliche Hacken ist, auch die Polizei trage nicht nur Schutzwesten, sondern auch Waffen. Der Staat macht sich mit den Tätern gemein, er ist auch ein gemeingefährliches Ungeheuer. Wer den Bürger so infantilisiert, sollte eigentlich in den vorzeitigen Ruhestand versetzt oder auf seinen geistig-moralischen Zustand hin untersucht werden.

IBM stellt mit seinem System *Watson* den digitalen Arzt zur Verfügung. Dieser soll immer schneller und immer besser die richtigen Differenzialdiagnosen finden und die Therapievorschläge gleich mitliefern, mit freundlicher Duldung großen Pharmahersteller, die schon artig mithilfe ihrer Start-ups vor den Türen dieser digitalen Monstermaschinen antichambrieren und um exklusiven Markt- und damit Datenzutritt bitten.

Dieses System kann vordergründig betrachtet durchaus eine scheinbar nützliche Analysehilfe darstellen, aber der Preis der Effizienz und scheinbar universellen Professionalität ist totale Kontrolle bis in das Genom und Proteom hinein – Deindividualisierung und Dehumanisierung. Die digitale posthumane Zeit hat begonnen.

Die Entwicklung dieses Systems findet außerhalb des deutschen Rechtsraumes, u. a. in den USA und der Schweiz statt. Ähnliches treiben die Hersteller von Röntgengeräten und Kernspintomographen.

Diese Geräte generieren gewaltige Datenmengen, die nur von Algorithmen ausgewertet werden können. Der Bürger denkt natürlich, das geschieht ausschließlich in diesen Geräten und vor Ort. Aber weit gefehlt: Diese Daten werden in Zentren weitergeleitet und dort evaluiert und optimiert.

Viele Ärzte und Patienten sind sich nicht bewusst, dass sie damit die Datenhoheit an den Hersteller und Algorithmen abgeben – und an die Geheimdienste, die über digitale Hintertüren mitlesen können.

Die Digitalisierung ist somit einmal mehr ein extraterritorialer Akt. Die Gewinne bleiben in den bekannten und unbekannten Steueroasen. Auf dem Gebiet bleibt also alles wie es ist: Die Armen bleiben arm, die Reichen werden reicher. *Exclusion* statt *Inclusion*, dabei könnte eine genossenschaftliche Erhebung und Verwaltung der Daten die Zivilisation und Kultur fördern und ermöglichen, statt diese zu gefährden.

Meines Erachtens sind für die medizinischen und die Waffensysteme besondere Zulassungs- und Genehmigungsverfahren erforderlich. Tatsächlich läuft es jedoch wie bei den Insektiziden und Pestiziden, beispielsweise dem *Glyphosat*. Hier hat das Institut für Risikobewertung keinen Bedenken privater oder anderer Art Rechnung getragen, sondern auf Hersteller- oder sonstige gesponserte Studien vertraut und erklärt, dass bei vorschriftsmäßigem Gebrauch dieser Stoffe und Verfahren keine Gefahr für den Menschen entstünde.

Algorithmen für die juristische und die Versicherungsanalyse sind auch schon im Einsatz. Neben digitalen Währungen soll die digitale Vermögensverwaltung eingeführt und das Bargeld abgeschafft werden, sozusagen die digitale Währungsreform. Der Traum aller Finanzminister und Notenbankster.

Es begann einst mit der Verfolgung der Bahndaten von Raketen im 20. Jahrhundert und schreitet fort zur digitalen Selbstermächtigung über die Schöpfung.

Friedrich Dürenmatt schrieb in *Die Physiker*:
Ich stelle nur aufgrund von Naturbeobachtungen eine Theorie auf. Diese Theorie schreibe ich in der Sprache der Mathematik nieder und erhalte mehrere Formeln. Dann kommen die Techniker. Sie kümmern sich nur noch um die Formeln. Sie stellen Maschinen her, und brauchbar ist eine Maschine erst dann, wenn sie von der Erkenntnis unabhängig geworden ist, die zu ihrer Erfindung führte. So

vermag heute jeder Esel, eine Glühbirne zum Leuchten zu bringen oder eine Atombombe zur Explosion.

Es gibt derzeit auf der Welt mehrere solcher Esel. Esel können bei uns auch Minister werden oder Staatssekretäre. Wir füttern sie, wählen Sie und zahlen ihnen Pensionen.

Auch in Deutschland sollen demnächst die taktischen Atom- und Neutronenbomben modernisiert und wieder vermehrt u. a. in der Eifel stationiert werden, die digitalisiert und rein präventiv für unsere Sicherheit sorgen, wenn die Staatstrojaner versagen.

Wegen radioaktiver Kontamination brauchen Sie sich keine Sorgen zu machen. Die Strahlung dieser Präzisions-Bomben ist geringer als die Dauerbelastung durch Tschernobyl und Fukushima etc.

In der jüdischen Mythologie gibt es die Geschichte des Golems. Diese setzt sich heute mit Genscheren, künstlichen Intelligenzen und selbstlernenden neuronalen Netzwerken fort. Es soll ein künstliches Bewusstsein geschaffen werden. Die *Digitalos* wollen den digitalisierbaren und digitalisierten Menschen und letzten Endes ihn und seine Zellen, ja die ganze Natur ins Internet einbauen. Molekulare

Werkzeuge wie *CRISPR/Cas* helfen dabei. Hier wird ein heiliger Bereich betreten, nämlich der heilige Bereich der Zelle. Bisher waren die Zellen der Pflanzen, der Tiere und der Menschen Mittlerinnen zwischen Vergangenheit, Gegenwart und Zukunft. Einige wollen nun die Zukunft verändern, in Besitz nehmen oder mitgestalten, indem sie in der Gegenwart Dinge tun, deren Folgen sie wahrscheinlich nicht mehr erleben werden.

Glückseligkeit und Unsterblichkeit schließen einander aus. Wir benötigen eine Art von ethischem Imperativ, eine *Robo-Ethik*, eine Ethik bei der Anwendung künstlicher Intelligenzen und in Bezug auf die Eingriffe in genomische Datenspeicher. Wir dürfen nicht alles wollen, was wir können.
Algorithmen steuern bereits den Börsenbereich, Fabriken, Flugzeuge, Raketen, Roboter und bald Autos und Lastwagen. Dabei sind sie zu einem produzierenden Faktor geworden, im Bereich der Zellen zu einem verändernden Faktor.

Alles, was digitalisiert werden kann, wird digitalisiert werden. Digitale Transaktionsprotokolle werden immer häufiger Entscheidungs- und Handlungsbasis sein. Ohne eine entsprechende Szenariotechnik mit Datamonitoring und Bibliometrie unter

Einbeziehung neuronaler Netzwerke, wird die Angelegenheit entgleisen.

Tatsächlich liegen diesen Metamorphosen selten oder nie tatsächliche Innovationen zugrunde, die einen substanziellen oder materiellen Wert schaffen, vielmehr in das Extreme fortgeschriebene Steigerungen schon vorhandener Dinge und Raubkopien. Das Formale, Mathemathische und Binäre bricht sich Bahn, ohne Rücksicht auf das Licht dahinter, das wir nicht sehen. Es handelt sich um algorithmische Konvulsionen und Regressionen, nicht den Aufbruch zu neuen Ufern.

Wir müssen Rücksicht auf die Evolution nehmen und Respekt vor dieser haben, wenn wir Mitschöpfer werden. Nicht nur das genomische, sondern auch das epigenomische Profil verdienen diese Rücksichtnahme. Wir müssen aufpassen, dass uns nicht künstliche Intelligenzen und deren Algorithmen Sein oder Nichtsein oder das Sosein diktieren: Wollen wir die optimierten oder digitalisierten Sklaven des Internetkapitalismus und der selbstlernenden Algorithmen künstlicher Intelligenzen sein?

Der symbolische Traum von der Ewigkeit blickt mit Melancholie auf die Vergänglichkeit. Der US-Präsident übt in diesem Tagen ja schon.

Die Gesellschaft ist zum Markt geworden. Sie wurde und wird entmündigt, demnächst durch das selbstfahrende Auto. Saubere Laster wären wichtiger – und weniger rücksichtslose Fahrradfahrer. Aber damit lässt sich kein Geld verdienen. Demnächst werden Schnellstraßen für Fahrradfahrer gebaut.

Während die Konzerne immer globaler werden und immer weniger Steuern zahlen, werden immer mehr Menschen immer ärmer und von anonymen Technologien überwältigt. Die Dinge laufen so eigenartig, dass man einen Verdacht gegen die Vernunft äußern kann:

Es entsteht eine Expertokratie des Ausnahmezustandes. Die Autonomie individueller zellulärer System wird der Kompatibilität mit dem Gesamt-Algorithmus unterworfen. Das selbstfahrende Auto wird das rollende Versuchslabor dieses Autonomieverlustes sein.

Schon jetzt ist unter Herstellern, Versicherungen und dem Staat der Kampf um die Datenhoheit entbrannt. Der Fahrer hat seine persönlichen Daten beim Einsteigen abzugeben. Von der Körpertemperatur bis zum Herzschlag wird er auch in Bezug dessen, was er im Fahrzeug tut, komplett erfasst werden.

Die Beschleunigung der Welt durch die Carbonisierung, Algorithmisierung, Digitalisierung und die Entwertung des Geldes bei gleichzeitiger Überschuldung führt nicht nur zur Inklusion, sondern zur Exklusion von Menschen.

Wir leben moralisch und klimatisch über unsere Verhältnisse. Daher sind wir Globalisierungsopfer und haben so viele Globalisierungsgegner.

Selbstermächtigung oder Diktatur der Daten:

Wir Mitschöpfer

Was bleibt von uns, wenn wir Maschinen konstruieren, die alles besser können als wir?

Homo digitalensis: Der Homo sapiens verliert die Kontrolle:
Wie entstehen Kulturen, Zivilisationen, Techno-Zivilisationen? Dem liegt ein großes Geheimnis zugrunde, vollkommen unverstanden. Wenige große Denker beschäftigten sich damit, einst auch Plato. Er sprach von der Macht der Vorstellung und der Bilder, die für ihn eine gestaltbildende Kraft hatten.

Morphogenese: Das Wesentliche ist immer das Gedächtnis der Zelle. Das Richtige war schon immer richtig

Wann gehen Kulturen unter? Wenn sie sich nicht ändern oder wenn die Hybris exzessiv wird.

Tribalisierung – Gettoisierung ... oder auf dem Weg zu einer Weltgesellschaft?

Die Dämonen des Anthropozän

Gibt es noch leere Räume? Ungestörte Träume?

Anthropozän nennt man das von menschlichen Handlungen und Technologien geprägte Zeitalter der Erde. Als Erster verwandte der Chemie-Nobelpreisträger Paul Crutzen diesen Begriff.
Das Anthropozän erschüttert das historische Kontinuum zwischen Mensch und Natur immer heftiger. Der Mensch ist ein Täter in geohistorischer Dimension. Die bisherige Globalisierung war eine rücksichtslose Glückssuche; der Mensch griff gewaltig in die Biosphäre ein und geht jetzt auf die Jagd nach den letzten Rohstoffen. Mit seinen

kopflosen Wärmekraftmaschinen, Motoren, Turbinen, Hochöfen setzt er heute an einem Tag mehr Russ und Feinstäube frei, als das ganze Mittelalter in 400 Jahren. Von einer Kreislaufwirtschaft oder der ungiftigen Effizienz der natürlichen Fotosynthese, bei der durch die Energie des Sonnenlichtes aus Kohlendioxid und Wasser energiereiche Moleküle für die Ernährung von Pflanze, Tier und Mensch aufgebaut werden, ist er weiter denn je entfernt.

Wir vergiften und vergewaltigen die Biosphäre und helfen nicht jenen, die von und auf Müllhalden leben. Mit Insektiziden und Pestiziden schlagen wir Schneisen in die landwirtschaftlich Böden, um Monokulturen möglichst industriell wachsen zu lassen, mit furchtbaren Folgen für Pflanzen, Insekten, Tiere und Menschen.

Ist es blinde Gier oder ein Todestrieb, der uns diese Todesspirale akzeptieren lässt? Das bisherige Antlitz der Erde verschwindet dank des Klimawandels, der eher ein GAU zu nennen ist.

Die gegenwärtige Zivilisation ist stärker und schrecklicher als die fürchterlichsten und überwältigendsten Heere der Antike und des Mittelalters, stellte der osmanische Schriftsteller Ibrahim Tüccarzade 1912 fest.

Neben Dutzenden von Bürgerkriegen führen wir Krieg gegen die

- Atmosphäre,
- die Hydrosphäre,
- die Kryosphäre,
- die Böden, Pflanzen- und Tierwelt.

Ein riesiges Artensterben ist die Folge. Bienen verschwinden, Vögel sterben. Zellen verändern sich. Die Krebsrate steigt weltweit.

Auch der Einsatz von Insektiziden und Bioziden wie *Glyphosat* spielt hier eine Rolle. *Die chronische Zufuhr von Glyphosat zerstört die DNA,* stellte Dr. Medardo Avila fest, Kinderarzt und Sprecher der *Ärzte besprühter Dörfer*.[4]

Die Beweiskette wird immer enger. Dem Autor gelang es nachzuweisen, dass im Serum vieler Menschen der nachweisbare *Glyphosat*-Spiegel den des zulässigen Toleranzwertes für *Glyphosat* im Trinkwasser übersteigt. Frau Bundeskanzlerin Merkel jedoch befürwortet *Glyphosat*[5] weiterhin und die EU-Kommission verlängerte die *Glyphosat*-Zulassung.

Es lässt sich sagen, dass die bisherige Art des Wirtschaftens im Zeitalter der Globalisierung nicht für

---

[4] *Bittere Ernte, SZ Magazin 21. Nov. 2014*
[5] *FAZ 20.08.2016*

eine erfolgreiche Selbst-Domestizierung des Menschen spricht. Es wurden und werden Zonen der Vernachlässigung gebildet. Die private und die staatliche Sphäre vernachlässigt oder ignoriert die Folgen der Glückssuche. Dagegen hilft nur ein Ignoranzmanagement.

Die Algorithmen, welche die gigantische Datenwolke der Gesellschaft durchforsten und verwalten führen zur

- Diagnostik des Unbekannten,
- der Transformation der Zellen, der Pflanzen, der Menschen und der Gesellschaft.

Es entsteht Zellkontrolle …

Lernfähige Algorithmen greifen nach der Zelle und analysieren nun deren Genom und Proteom. Pharma-Giganten wie *Roche* kooperieren mit Tochterfirmen von *Google*, denn Biomarker und sonstige Daten sind in deren Augen die Währung der Zukunft, Benzin für die Forschungspipelines und die Aktienkurse.

Nebenbei wird dem gläsernen Patienten, dem seine Daten kostenlos abgenommen werden, das Ende aller Krankheiten versprochen, der Politik und den

Krankenkassen Kontrolle, Kostendämpfung und Standardisierung. Das hört jeder Politiker gern.

... und Körperkontrolle

Die Daten aus Biotrackern werden mit Biomarkern assoziiert und den Krankenkassen und Behörden zur Verfügung gestellt.

Der Philosoph, Theologe und Psychiater E. Frick von der *Technischen Universität München* stellt daher im *Bayrischen Ärzteblatt* 7-8/2016 folgende Fragen:

Ist daher dieses klassische Bild vom Menschen eine Selbstüberhöhung, die sich nun als finale Desillusionierung des Menschen darstellt, nach Darwin (Biologie), Freud (Psychologie), Marx (Soziales)?

Was der Mensch ist, sei neu zu bestimmen.

Ich widerspreche: Nicht was er ist, sondern was er werden kann oder zu werden droht, ist neu zu bestimmen. Man muss als Antwort auf tatsächliche oder vermeintliche Kränkungen nicht jede tatsächliche oder eingebildete Organverstärkung oder Systemveränderung begrüßen und mitmachen:

Die Bereitschaft vieler Menschen, im Austausch für vermeintliche Vorteile Bewegungs- und Ernährungsdaten, sowie andere Lebensstil- und Bewegungsindikatoren über Smartphones oder Smartwatches an Dritte zu übermitteln, wird nicht zu Ende gedacht. – Sie unterstützt die Vermarktung des Menschlichen.

Wir verzichten auf eine qualitative Sichtweise.

Transhumane Parallelschöpfungen

Es laufen bereits in den USA Versuche, um menschliche Organe in Tieren zu züchten und Mischwesen zu erzeugen. Menschliche Stammzellen werden zu diesem Zweck in wenige Tage alte Schweineembryonen injiziert. Der Embryo wird in ein Muttertier eingepflanzt. Die menschlichen Stammzellen ersetzen das fehlende Organ und bilden ein menschliches Herz oder sonstiges Organ. Sobald das Schwein groß genug ist, wird es geschlachtet und das Menschenherz soll in den Menschen transplantiert werden. Mit Pavianen als Empfänger so erzeugter Herzen hat man scheinbar bereits erfolgreich experimentiert.

Kritiker befürchten, dass die Schaffung solcher Mischwesen außer Kontrolle gerät: *Wie viele humane Nervenzellen benötigt ein Schwein, um menschliche Intelligenz zu entwickeln?*

Andererseits wäre es unter Umständen und unter Begrenzung der Begehrlichkeiten ein Weg, die mit der sogenannten *Organspende* verbundenen Komplikationen, Verknappungen und kriminelle Auswüchse (Organhandel) zu vermeiden.

Künstliche Intelligenzen entstehen

Bald wird unser Gehirn direkt mit *Google* vernetzt. Es entsteht Gedanken- und Zellkontrolle.

Noch antworten die Suchmaschinen, bald stellen sie Fragen und in Kampfmaschinen wie Drohnen entscheiden schon heute Algorithmen über Tod und Leben.
Das sind Fragen und Taten von immenser ethischer und globaler Bedeutung. Es stellen sich in diesem Zusammenhang folgende Fragen und Aufgaben:

- Wer sichert die faire Datenhoheit oder wie gewinnen wir diese zurück?
- Brauchen wir einen europäischen digitalen Souveränitätsakt? Denn die Allianz aus *Silicon Valley*, Internet und Geheimdiensten teilt die Welt wie in einem mittelalterlichen Feudalstaat in *Cloudies* und *Non-Cloudies*, Abgehörte und

Gespeicherte und noch nicht Abgehörte und noch nicht Gespeicherte ein.

Der Mensch ist kein Individuum mehr, sondern ein Datensatz in einer Daten-Cloud. Nichts in dieser Cloud ist sicher, außer dem Zugriff der Geheimdienste auf die Daten. – Das darf nicht sein.

In Zeiten fast exponentiell wachsender technischer Möglichkeiten gilt: Werden personenbezogen erhobene Daten letztendlich zu analytischen und kommerziellen Zwecken gespeichert, sind sie als geldwerte Leistung zu qualifizieren und bedingen eine in Geldwert auszuweisende Gegenleistung; der digitale Kapitalismus bedarf der Kontrolle und ist zu besteuern. Es entsteht bereits ein digitales Prekariat und wir verlieren unsere Arbeitsplätze zunehmend an Roboter mit künstlicher Intelligenz.

Die Schöpfer der *Long-short-Term-Memory-Algorithmen* träumen nicht nur den Traum, ein Programm und eine Maschine zu bauen, die *klüger ist als der Mensch*, sie verknüpfen dies auch mit ihrer eigenen Selbsteinschätzung. So sagte Prof. Jürgen Schmidhuber, der Schöpfer technisch bedeutsamer Algorithmen, die u. a. von *Google* bei der Spracherkennung genutzt werden, in einem Interview mit *Zeit Online* am 2. Juni 2016:

Als Bub begriff ich: Ich kann nichts Bedeutsameres erreichen, als etwas zu bauen, das lernt klüger als

*der Mensch zu sein. Eine künstliche Intelligenz, die
sich rapide selbst verbessert.*

*Auch erscheint es offensichtlich: Da der weitge-
hend lebensfeindliche, doch höchst roboterfreundli-
che Weltraum weit mehr Ressourcen bietet als der
dünne Biosphärefilm Erde, werden viele KI* (künstliche Intelligenzen) *bald das Interesse an uns verlieren, das Sonnensystem besiedeln und umgestal-
ten, dann innerhalb von Jahrmillionen die Milch-
straße und schließlich innerhalb von Jahrmilliar-
den auch den Rest des erreichbaren Universums,
im Zaum gehalten nur von der beschränkten Licht-
geschwindigkeit...*

*Doch schon in den 1970er Jahren war abzusehen,
dass Maschinen bald nach der Jahrtausendwende
die rohe Rechenkraft eines Menschenhirns besitzen würden exponentielle Entwicklung voran-
schreitet.*

*Rohe Rechenkraft ist natürlich nichts wert ohne
selbstlernende Software, an deren Entwicklung ich
seit den 1980er-Jahren arbeite, oft in Form künstlicher neuronaler Netzwerke. Diese Systeme lernen
quasi aus Erfahrung selbst, durch Ausprobieren
und Scheitern. Ihr Aufbau orientiert sich an den
Nervenzellen im Gehirn*

Wir sind also dabei, die Verwaltung und Steuerung
unseres Lebens an autonome System zu übergeben.

Entsprechende Transaktionsprotokolle haben das Potenzial, die Arbeit ganzer staatlicher Bürokratien durch Computer erledigen zu lassen.

Administrative und unproduktive Prozesse werden von der Digitalisierung erfasst. Die Digitalisierung macht vor nichts und niemandem halt.

Die Digitalisierung der Medizin und anderer Wissenschaften hat tief greifende Folgen für den Einzelnen und die Gesellschaft. Wer hätte vor einigen Jahren gedacht, dass *Google* eine immer größere Rolle im Gesundheitswesen spielen würde? *Google Calico* sammelt alle im Internet verfügbaren Daten über das Altern. Stellen Sie sich vor, welche Dimensionen erreicht werden, wenn wissenschaftliche Studien, Veröffentlichungen, Meinungsäußerungen in Blogs und Daten aus Clouds systematisch analysiert, geordnet und miteinander vernetzt werden und mit einer globalisierten Biomarkeranalyse oder mit *Google Genomics* verknüpft werden: Keine staatliche Behörde, kein Krankenhaus und kein Pharmaunternehmen hat der Flut und Power dieser Daten etwas entgegenzusetzen, weder die Erhebungskapazität noch die Rechnerleistung.

Ist die Erkennung von Mustern Segen oder Fluch? Wer sind die Gewinner, wer die Verlierer in diesem voraussichtlich von *BigData* gespielten Identitäts-Roulette? Alles Licht, das wir nicht sehen, die verborgenen Formen und Harmonien, die Träume der Urzeit

Programme der künstlichen Intelligenz, die selbst lernen, und Suchmaschinen, die Fragen stellen müssen registriert werden, um manipulative Eingriffe in Entscheidungsprozesse und die menschliche Realitätswahrnehmung zu erkennen.

Das menschliche Bewusstsein und seine Integrität sind mehr als eine Software, die in der Hardware des Gehirns arbeitet, frei zitiert nach David Gelernter.[6]

Hat der Computer ein Bewusstsein?

Die Zelle hat ein Gedächtnis, das es zu respektieren gilt. Der Geist und das Bewusstsein entstehen durch die Zusammenarbeit des Gehirns mit den Zellen des Körpers.

Gedanken, Gefühle, Schwingungen und Moleküle sind unsere Ziele und Erinnerungen. Sie bauen die morphischen Felder auf, die ein artifizieller Algo-

---

[6] *Gezeiten des Geistes, Gelernter, D, Ullstein*

rithmus niemals sein eigen wird nennen können – zumindest hoffe ich das.

Ob die Interaktion der natürlichen und künstlichen Intelligenzen friedlich, konfrontativ oder sogar tödlich verlaufen wird, wird die Zukunft zeigen.

Implantate (z. B. RFID-chips), die in Objekten, Kliniken, Krankenkassen etc. Daten speichern, verarbeiten, senden und empfangen können, sind potenziell anthropoide *medical and digital devices*, insbesondere wenn sie von Zellen, Tieren und/oder Menschen Daten sammeln, diese Daten in einer Datenwolke ablegen und das Device oder die künstliche Intelligenz als Implantat oder Surrogat fungiert oder gar über eine Schnittstelle mit humanen oder anderen humanoiden Systemen verfügt.

In der Welt der Vorstellung existiert eine Lehre von den Wesenheiten und der Ewigkeit: Die lebenden Systeme nähern sich ihrem Ziel mithilfe des Todes. Die technologischen Möglichkeiten des Eingriffs in die Informationstechnologie der Zelle sollen die Entropie besiegen. Auf diese Weise soll die Kränkung durch Tod und Krankheit überwunden werde. Es sei dahingestellt, ob das Wesentliche dabei erhalten bleibt oder verloren geht, es bleibt wahrscheinlich aufgrund dieser Eingriffe in die Evolution bald nur noch festzustellen, dass der symbolische Traum von der Ewigkeit mit Melancholie auf die Vergänglichkeit blickt.

Der Homo informaticus wird im Digital-Zeitalter optimiert, aber potenziell dehumanisiert, denn:

Wissen ohne Wissen schafft Dummheit

Wissen verhält sich dann wie Geld: Es entfernt sich von den Subjekten und sucht sich seine eigenen Realisierungen. Und wie Geld zugleich mehr Geld und mehr Elend erzeugt, so erzeugt dieses Wissen zugleich mehr Wissen und Dummheit.

Die Entwicklung erzeugt immer weitere Entwicklung (Schumpeter).

Nach einem Hinweis von Prof. E. Stähler sind im ausgehenden Anthropozän noch Menschen die Akteure, als Bewohner von Nationen mit bisher einigermaßen definierten Grenzen. Im *Kapitalozän* werden die Nationalstaaten jedoch zunehmend von *Market States* abgelöst. Diese sind entgrenzt, schützen ihre Bürger nicht mehr und lassen die Menschen mit ihren Kränkungen allein. Der Hauptgegner des *Market States* ist der Nicht-Konsument.

Die Zerstörung des Geldes erfolgt durch den digital gesteuerten Hochfrequenzhandel und dessen Produkte, z. B. *Credit Default Swaps.* In der Regel werden die Finanzprodukte, mit denen diese Risiken gestreut und gemittelt werden, *Collateralised Dept Obligations* (CDOS) genannt. Das sind Kreditausfallversicherungen, bei denen der Gewinn der Ausfall der Kreditfähigkeit eines anderen ist. Diese werden von sogenannten *Zweckgesellschaften* vertrieben, das sind Schattenbanken, die von keiner Bankenaufsicht erfasst werden. Diese Banken sind so mächtig geworden, und die Gelder, die sie verwalten so groß, dass sich immer mehr Staaten den Schattenbanken in ihrer Politik unterordnen müssen. Bereits jetzt ist die Gemeinschaft der Schattenbanken um die Entwicklung von internationalen Schiedsgerichtssystemen (!) bemüht, um ihren Kunden Rechtssicherheit zu vermitteln.

Von den Schattenbankengeschäften profitiert insbesondere der Finanzplatz London. Für seine Gesamtwirtschaft sind Schattenbanken unverzichtbar.

Schattenbanken gibt es in Hongkong, der Schweiz, Singapur, Luxemburg, Guernsey, der Isle of Man, Jersey, Andorra, Bahrain, Barbados, Bermuda, Gibraltar, Malta, Monaco, den Cayman-Inseln und in Lichtenstein.

Die Lage ist inzwischen so verzweifelt, dass, um den drohenden Konkurs weiter zu verschleppen, die nächste Finanzblase entwickelt werden muss. Das sind die Staatsanleihen.

Derivate-Geschäfte funktionieren nur unter der Bedingung, dass sie Blasen erzeugen, die am Ende platzen. Der größte Schuldner, die USA, kann mithilfe der an ihn adressierten großen Nachfrage, die durch den Leitwährungseffekt entsteht, das Platzen der Blase in großem Umfang ins europäische Ausland abdrängen. Dies ist die strategische Doktrin, die hinter dem Blasenwirtschaftskrieg gegen Europa steht. Strategien dieser Art sind selbstverständlich nur für einige Zeit kontrollierbar, danach erzeugen sie unkontrollierbares Chaos.

Inzwischen wird sogar über *Hubschraubergeld* nachgedacht, um den Konkurs zu prolongieren und die Nachfrage zu stärken, aber das Chaos an den internationalen und global operierenden Finanzmärkten ist dadurch nicht mehr zu bannen.

Zur Zeit haben viele Menschen auf der Welt davor Angst, dass die Chinesen die Nerven verlieren und mit ihren US-Dollars den Weltmarkt fluten. Sie suchen daher nach einem Währungsreferenzsystem, das den Dollar ersetzen könnte, ebenso wie die Brickstaaten Russland, Brasilien, Indien und nicht zuletzt die EU.

Nach 2010 prägte die amerikanische Politologie den Begriff des *Market States*. Er löste den Nationalstaat ab. Bei ihm ging man davon aus, dass er nicht mehr durch die Kontrolle seiner Grenzen in seinem Innenraum eigene Ordnungen erzeugen kann, da sich die Politik voll und ganz in den Dienst der Wettbewerbsfähigkeit auf dem Weltmarkt stellen muss. Das Feindprinzip, das für den Nationalstaat wichtig war, verschwand aus der Definition des *Market States*. Stattdessen führte P. Bobitt in seinem 2004 erschienenen Buch *Der Schild des Achilles* den Feindbegriff *Terrorismus* ein (vgl. *Terror and Consent,* Bobitt, P., Knopf/Pinguin, 2008).

Keine Staaten, nur Bürger gehen in privaten Bankrott. Staaten, zumindest der amerikanische, nie, der ändert einfach die Regeln oder erklärt seine Gläubiger zu Feinden Amerikas.

Nun hat man noch folgende Werkzeuge: Fortführung der Sparmaßnahmen in den Haushalten, Entlassungen, weitere Geldentwertung, Inkaufnahme von Verarmung, Hunger, Epidemien, Attentate, Terror, Bürgerkrieg.

Sie haben wahrscheinlich schon bemerkt, dass *Staatsbankrott* nicht als singuläre Katastrophe beschrieben werden kann, sondern nur als kontinuierlicher Prozess, in dem wir uns gerade befinden. Außerdem ist nicht zu übersehen, dass die USA beschlossen haben, Krieg zu führen, und dass Staaten der EU zwar an diesem Krieg teilnehmen, aber nur wegen des diplomatischen Zwangs, der von den USA ausgeübt wird.

Es wird interessant sein zu sehen, wie weit es die USA unter welchem Präsidenten treiben werden. Denn was würde passieren, wenn China von den USA das Geld zurückverlangt, dass die USA sich in China geliehen haben oder was würde passieren, wenn China seine gigantischen Dollarreserven auf den Markt wirft? Würde es zu einer staatsbankrottähnlichen Entwicklung kommen oder würde der Dollar so stark abgewertet, dass die USA ihre Schulden weginflationieren können? Letzteres entspräche einem Währungskrieg.

Sie verstehen jetzt, warum Draghi Staatsanleihen kauft und solche in Deutschland, der Schweiz und den USA immer mehr durch Negativzinsen abgewertet werden. Wenn man von einem Staat also nicht mit Krieg überzogen werden will, muss man ihm Geld zu Negativzinsen leihen.

Das Imperium finanziert sich mit vorgehaltener Pistole durch Enteignung. Das bedingungslose Grundeinkommen nach Abschaffung des Bargeldes ist da nur der letzte Schritt.

Wie sagte Heiner Mühlmann in seinem Buch *Europa im Wirtschaftskrieg* unter der Überschrift *Souveränitätsdämmerung*:

Alles was zu der gegenwärtigen desaströsen Situation der Welt geführt hat, ist in Europa erfunden worden. Die Liste ist lang. Das Kernelement ist die Selbststimulation der Kultur durch den intrakulturellen Krieg. Der intrakulturelle Krieg ist die Erzeugungsmatrix für die Kräfte des Souveränitätsverhaltens, die in der gegenwärtigen Situation des Weltwirtschaftskrieges den verhängnisvollen Destruktionseffekt auslösen. Europa hat die Souveränität erfunden und ist jetzt damit befasst, sie abzuschaffen.

Daraus resultieren die Schwierigkeiten der Eurokrise. Die USA haben die Souveränität von Europa in die Neue Welt mitgenommen. Sie verstärken gegenwärtig das Souveränitätsverhalten in ihrer

Außen- und Finanzpolitik. *Nur wer die Büchse der Pandora geöffnet hat weiß*, wie man sie wieder schließen kann, sagte man früher.

Ein Ausweg aus dieser Situation wird schwierig sein. Ein Drittel der Staatsanleihen befinden sich gänzlich in der Gewalt der Schattenbanken. Wenn die Staaten, von denen die Banken Staatsanleihen gekauft haben, pleite sind, sind auch die Banken pleite. Dann werden die Banken von den noch solventen Staaten gerettet, damit werden dann auch die insolventen Staaten vor der Pleite gerettet. Der einzige Weg, der dann noch aus diesem Teufelskreis herausführen kann, ist der Ankauf von Staatsanleihen durch die *Europäische Zentralbank*, doch das kommt dem Drucken von Geld gleich. Nur durch die Bildung einer europäischen Zentralregierung und einer totalen Abschaffung der Souveränität könnte eine funktionsfähige Einheit geschaffen werden. Aber welcher insolvente Staat ist schon bereit, seine Entscheidungsrechte gänzlich aufzugeben? Auf jeden Fall steht Europa vor einer Situation, für die es bisher keinen Präzedenzfall gab.

Auf 1 Mrd. Umsatz gesunder Realkredite kommen 6 Mrd. Umsatz von CDOS-Versicherungen. Das Derivat ist die Welt der Schattenbanken. Der größte Umsatz mit Schattenbanken wird in den USA gemacht, 23 Billionen Dollar, 160 % der jährlichen Wirtschaftsleistung der USA. In Großbritannien werden 370 % der jährlichen Wirtschaftsleistung von Schattenbanken umgesetzt, in Schweden 210 %, in den Niederlanden 490 %, in Hongkong 520 %, in der Schweiz 210 %, in Singapur 260 %.

Zu den Schattenbanken gehören Privat-Equity-Gesellschaften, Geldmarktfonds, die Zweckgesellschaften der Banken, Investmentfonds und Hedgefonds. Man kann sich vorstellen, wie glücklich man zur Zeit bei *Blackrock* mit dieser Entwicklung ist.

Man kann sagen, die Waffen des Landkrieges sind Bomben und Raketen, die Waffen des Weltwirtschaftskrieges sind CDOS-Verträge. Sie versichern unvorhersehbare Zufallsrisiken bei der Vergabe von Krediten nach dem Motto: *Je höher das Risiko, desto größer der Zufall. Je höher der Schaden für den anderen, desto höher der Gewinn für den Versicherten.*

Der Handel mit CDOS erzeugt eine Zerstörung, bei der es darauf ankommt, selbst nicht in der Nähe zu sein. Die Strategie dieses Typs kann für das Imperium nur dann ein gutes Ende nehmen, wenn sein Innenraum stabil ist. Das ist angesichts der dort herrschenden Waffendichte und des Hasses auf die Polizeigewalt kaum denkbar. Die letzte Waffe dagegen wird der Einsatz von Killerrobotern unter

Zuhilfenahme der Gesichtserkennung sein. Wenn das der Fall sein wird, sind die Kollateralschäden der Drohnenkriege nur ein relativ harmloses Preludium gewesen.

Zur gleichen Zeit findet der Umbau des bürgerlichen Subjektes zu einem Wesen statt, das es gewohnt ist, nicht mehr es selbst zu sein, aber unentwegt daran arbeitet, mit einem Bild von sich selbst zu verschmelzen.
Es entstehen posthumane Zombies.
Das Prinzip des Überlebens wird dann darin bestehen, nicht mehr ganz und nicht mehr ganz selbst zu sein.

Die fundamentalen Formen des Regierens waren bisher das Übertragen oder die Fortnahme von Besitz, das Sterben machen oder das Sterben lassen.
Foucault sagte: *Die Souveränität machte sterben und ließ leben.*
Jetzt erscheint eine Macht, die ich *Regulierungsmacht* nennen möchte; sie besteht im nun stattdessen darin, Leben herzustellen und zu beenden, Geld herzustellen und zu vernichten.
Das muss nicht schuldhaft sein. Es kann sein, dass evolutionär die Gene der Gier und kurzfristigen Existenzsicherung überwiegen und die Angst vor

dem eigenen Tod und der latente Wunsch nach Unsterblichkeit, diese Kultur der Rücksichtslosigkeit der Androiden hervorgerufen haben, die man bei Gott keine *Zivilisation* nennen kann.

Hinter der Fassade lauern die alten Dämonen: Gier, Egoismen, Ignoranz.

Wir benötigen ein *Ignoranzmanagement*. Die bisherigen Konventionen genügen nicht, diese Dämonen zu domestizieren.

Immer größere Datenmengen werden angelegt, was ein beherrschbarer Nachteil sein kann, wenn das Individuum die Datenhoheit behält und die digitale Kontrolle nicht zum Terror der Algorithmen wird oder zum Ende der Anonymität und Individualität führt.

Nicht wenige Menschen wollen Selbstoptimierung und akzeptieren sogar Angriffe auf und Eingriffe in die Zelle. Die Gefahr kommt nicht nur von außen, sie liegt auch in uns.

Zivilisation und gutes Leben sehen anders aus als das, was wir stattdessen bekommen:

- Entgrenzungen, chaotische Migrationsströme,
- hybride Auseinandersetzungen,
- Nicht-Warten-Können,
- Änderung der Sprache, der Kommunikation und des Verstehens,

- Ungleichgewichte der Vermögensverteilung,
- Schwierigkeiten bei der Kapitalakkumulation und fairen Partizipation,
- Überschuldung einerseits, Hyper-Reichtum und Verarmung andererseits,
- staatliche und sonstige Spionage,
- das Ende der Privatsphäre,
- die großen Datenkraken,
- Meinungsbeeinflussung.

Die Enteignung der Daten und was sie verraten

Es stellt sich die Frage nach der Identität des Menschen im Meer der Daten und Algorithmen. Ist die sich entwickelnde Robotik die Lösung? Sie kann den Menschen entlasten oder verdrängen. Sie kann mit dem Menschen kooperieren.

Sich selbst steuernde Abläufe können in Teilbereichen hilfreich und nützlich sein, unser Selbstbewusstsein können und dürfen sie nicht ersetzen, auch wenn das einige Unternehmer gerne als möglich suggerieren.

Wenn die Entwicklungen von 3D-Druckern, autonomen Fahrzeugen und der sonstigen Roboter so rasant weitergehen wie bisher, schaffen wir bald keine schlechten Jobs mehr, sondern gar keine.

Meines Erachtens wird die Komplexität des menschlichen Bewusstseins dabei unterschätzt. Das Bewusstsein ist keine Software, die auf der Bio-Hardware des Gehirns läuft. Das gilt insbesondere im Polizei und Verteidigungsbereich.

Der Einsatz von Tötungsmaschinen wie Drohnen und landgestützten Kampfrobotern ist eine kafkaeske Entwicklung. Das neue *Weißbuch* der Bundeswehr schützt nicht vor diesen ethisch bedenklichen Entwicklungen. Wenn Polizeigewalt auf Polizistenhass trifft, helfen keine Bombenroboter, nur die Deeskalation. Diese aber bedarf der Beendigung der Ausgrenzung und der Beendigung der Demobilisierung des Denkens.

Ursache ist die Durchdringung der Biologie und der *Wissenschaften vom Leben* durch Physik und Informationstechnologie sowie das Denken in Surrogaten und Prothesen: Der Computer sollte keine Gehirnprothese sein. Hochleistungsrechner mit guter Speicherfähigkeit und entsprechenden Algorithmen können jedoch eine Methodenkombination von Szenariotechnik und Bibliometrie im Sinne des Speicherns und Verwaltens komplexer Daten und

Erkenntnisse erlauben, die zu einer Bereicherung des menschlichen Einschätzungs- und Vorhersagevermögens führen, zu einem Ignoranz- und Risikomanagement, frei von individuellen Egoismen und Begrenzungen. Das könnte in der Finanzwelt, beim Klimamanagement und ganz allgemein bei der Risikoabschätzung von gewaltigem Interesse für den Einzelnen wie die Gesellschaft sein.

Im Bereich der *Finapps* existiert bereits Vergleichbares: die Software *Aladin* des Finanzanlegers Blackrock.

Gefahren für die Evolution und die Individual- und Biosphäre sollten rascher erkennbar und simulierbar sein und damit einem rationalen Konfliktmanagement zugänglicher.

Dieses System könnte sich für eine friedliche Koexistenz der diversen Systeme und für eine Vermeidung gefährlicher Entwicklungen einsetzen. Jeds Insektizid und Pestizid würde digital verfolgbar sein, so wie heute schon Betäubungsmittelverordnungen – da passt der Staat ja peinlich genau auf. Die weitere Zulassung tödlicher Pflanzendrogen, die zum Ökozid führen, duldet er hingegen aktiv.

Das *Monsanto*-Tribunal in Den Haag kommt zu der traurigen Erkenntnis, dass der Straftatbestand *Öko-*

zid nicht in den Gesetzbüchern steht und daher nicht strafbar ist. Aus *Bayer* und *Monsanto* wird also bald *Baysanto*, das größte Insektizid-, Pestizid- und Gensaatgut-Monopol aller Zeiten, mit einer Marktdurchdringung von ca. 70 Prozent.

Als Kleinbauer und Bürger zahlt man also für die Vergiftung der Böden und Monopolisierung des Saatgutes. Frau Bundeskanzlerin Merkel hält das mit Rücksicht auf die Welternährungslage für notwendig, ebenso wie das Milchpreisdumping.

Dieses System wäre auch ein Antidot gegen die Mode der Resilience: jenen Trend, der statt Katastrophen zu erkennen und zu vermeiden, die Systeme so auslegt, dass sie solche aushalten (sollen). Eine zynische Form der bei technischen Bauteilen in der Luft- und Raumfahrt üblichen Redundanz.

Wer jedoch Gesichtserkennung mit Gedankenkontrolle kombiniert, der baut an einem kafkaesken Staat in dem Individualiät, Kreativität und Unschuldsvermutung keinen Platz mehr haben.

Wir leben aktuell in einer Welt-Produktions- und Handelsgesellschaft, die viele ausgrenzt. Der Wohlstand der Gesellschaft und der Wenigen rächt sich am Einzelnen und einer immer größeren Zahl Ausgegrenzter. Der letzte Hegemon, die USA, treibt eine Politik nach dem Motto *ewiger Krieg für ewigen Frieden*. H. Mühlmann wies darauf hin,[7] dass Kulturen Krieg erzeugen und sich durch Krieg organisieren. Karl Marx hat das gemeint, als er sagte: *Der Mensch ist das Tier, das seine Existenz durch Produktion zu sichern hat.* – Und die Produktion ufert eben aus.

Mal sehen, was die Roboter oder deren Zusammenarbeit mit dem Menschen bringen. Eine Zivilisation der Arbeitswelt und Konsumwelt, oder die Ausschaltung des Menschen und der letzten Regulationsmechanismen.

Denn inzwischen digitalisieren und kommerzialisieren die Algorithmen die letzten Lebensbereiche und dringen dank der *CRISPR/Cas-Technologie* in die Zellen von Pflanzen, Tieren und Menschen ein, mit der Folge, dass der Mensch, seine Organisationen und bald die künstliche Intelligenz sich der Evolution und ihrer Werkzeuge bemächtigen. Dieser Baukasten ist aber nichts für Glücksritter oder Psychopathen. Diese würden nur den glückseligen angepassten Idioten schaffen.

Eine künstliche Intelligenz, die gut programmiert ist, könnte bestenfalls Kriege vermeiden, schlimmstenfalls die Abschaffung der bisherigen (Un)Art *Mensch* beschließen.

---

[7] Die Natur der Kulturen, Wilhelm Fink

Bewusstseinserweiterung hat nichts mit einem künstlichen Bewusstsein zu tun. Die Gesetze der Physik sind nicht die Gesetze der Biologie. Allerdings vermag eine parallele Evolution Bewusstseins- und Speichertechnologien zu schaffen, Visualisierung von Gedanken zu leisten und postbiotische Systeme zu schaffen.

Schon Plato versuchte das *Sein* vom *Werden* zu trennen und verfolgte die Idee eines Bewusstseinszustandes.

Wer weiß, was Quantencomputer noch alles leisten werden? Molekulare Rechner, die mit der Parallelität der Quantenparadoxa umgehen können brechen dann in unsere Vorstellungswelten von der Wirklichkeit ein. Der hochkomplexe Tanz der Elektronen lässt sich dann berechnen, vorhersagen, und unter Umständen manipulieren. Parallelwelten und perfekte Simulationen könnten die Folge sein.

Aber Vorsicht: Atome und ihre Elektronenwolken sind Energiewesen, Träger energetischer Zustände, fähig, Informationen zu speichern. Die Wellenfunktionen kollabieren niemals, sie spalten sich endlos in parallele Wirklichkeiten.

Atome und ihre Elektronen sollten als Energiewesen aufgefasst werden. Und Zellen können teilweise als Zusammenschlüsse von Atomen und Elektronenwolken verstanden werden, die ein molekulares Gedächtnis aufweisen. Bisher funktioniert das *Quantenglühen* aber nur unter Einhaltung supraleitender Temperaturen.

Die Welt der Arbeit und der Ideen muss mit der Welt des Geldes und des Kapitals und der Natur neu versöhnt werden. Der heutige Kapitalismus schafft keine Werte mehr für möglichst viele, sondern ist vom Kreditismus über den Interventionismus zum Etatismus mutiert.

Auch das Recht schafft keinen Rechtsfrieden mehr. Hannah Arendt sprach vom Recht, Rechte zu haben, und den bösen Folgen: Durch Ausweitung der Rechtsanspruchszone entsteht als Folge der gesellschaftlich-staatlichen Rechtsetzungsmaschine ein nationales und transnationales Monstrum – über die Regulierungs-Juristerei landen wir im totalitären Rechtsstaat:
Der moderne Mensch fühlt sich als Inhaber von Rechten, insbesondere des Rechts Recht zu haben. Zusammen mit dem Staat dreht er die Spirale der Verrechtlichung.
Die Ausweitung der Rechtsanspruchszone durch den Staat und seine Bürger wird immer problematischer. So ist die Europäische Union inzwischen ein

Monstrum an nationaler und transnationaler Regulierungswut. Damit verstärken sich die Gefühle der Ohnmacht, die Sehnsucht nach Übersichtlichkeit und einfachen Lösungen, direkter Aktion und demokratischer Legitimation.

Hinzu kommt die allgemeine Beschleunigung durch die maschinelle und digitale Welt. Wir leben im Zeitalter des kinetischen Expressionismus und der digitalen Diktatur. Die elektrische und digitale Verknüpfung des Augenblicks und der Fakten zerstörte den Andachts- und Denkraum und machen den modernen Menschen immer flacher ... wie die Bildschirme.

Nachdem das Zeitalter der Sichtbarmachung des Denkens anbricht und die binären Computer durch Quantencomputer ersetzt werden sollen, stellt sich die Frage nach den Chancen und Risiken des Einsatzes der künstlichen Intelligenz:

Take-over der Mikrochips oder der Quantencomputer?

Das Illusions-Design der Welt ist zusammengebrochen. Die heutige Zeit bietet Ende und Übergänge ohne Neuanfänge.

Träume und Albträume.

Sie ist bisher unfähig zu neuen Friedensordnungen, zur Abschaffung der Ausbeutungskartelle oder dazu, Einkommens- und Entwicklungsunterschiede auszugleichen. Es fehlt der Mut zur Klarheit und zur Wahrheit.

Es bleibt das Lügen und Betrügen ohne Ende mit nur einem Ziel: *Mache sehr viel Geld.*

Es drohen das Scheitern der Moderne und die Verramschung des Geldes bis hin zum *Helikoptergeld.*

Das Illusions-Design darf nicht fortgesetzt werden, ebenso wenig eine symbolische statt einer tatsächlichen Politik.

Zum Ignoranzmanagement gehört die Vermeidung des Ausschaltens des Denkens in Zusammenhängen. Dies erzeugt einen Aufschub der Problemlösung innerhalb einer Zeitblase. Überlappen sich mehrere Blasen, beispielsweise Finanzblasen, exponentielles Bevölkerungswachstum, Flüchtlingskrisen und Negativzinsen, so kommt es zum Systemkollaps.

Dagegen hilft nur eine realistische Szenariotechnik mit unzensiertem Fakten-Check. Denn zum ersten Mal in der Geschichte kann unsere Gesellschaft scheinbar ohne ein fundamentales Verständnis kultureller und historischer Zusammenhänge funktionieren.

Das können Sie in der Politik beobachten: Viele unserer Repräsentanten haben ein grundsätzliches

Wissen darüber, wie unser politisches System funktioniert und worauf es beruht, nicht verinnerlicht. Die Folge ist eine Infantilisierung der Politik und teilweise auch der Justiz, siehe beispielsweise der Gesetzentwurf von Justiz-Minister Heiko Maas, mit dem er Straftaten außerhalb des Straßenverkehrs mit Entzug des Führerscheins ahnden will.

Die Infantilisierung, der Gedächtnisverlust und die Negierung des Todes erzeugen auch ein Suchtverhalten in puncto Medien: Die Abhängigkeit von neuen Meldungen macht uns zu Sklaven des Augenblicks. Das Internet wird zu einem großen Friedhof, das gespeichertes Wissen nicht mehr assimiliert. Doch wenn die Erinnerungen und Erfahrungen nur noch im Computer liegen, werden diejenigen, die die Zukunft gestalten sollen, um die bewusste Möglichkeit dazu gebracht.

Insofern sind künstliche Intelligenzen und das Realitätsmanagement bedenkliche Zwangsläufigkeiten der technologischen und soziologischen Entwicklungen des Anthropozäns.

Entweder wir gestalten den Wandel oder er gestaltet uns.

Entweder wir handeln oder wir werden gehandelt.

Niemand sollte Leibeigner von Algorithmen werden.

»Wenn die letzten Fragen beantwortet sind, dann können wir gehen«, sagte mein Mitarbeiter Dr. Jörn Schnepel, als wir Fragen der künstlichen Intelligenz diskutierten. Dann diktieren Algorithmen Sein oder Nichtsein und der symbolische Traum von der Ewigkeit blickt mit Melancholie auf die Vergänglichkeit.

Die Metamorphose – Von der Stammesgesellschaft zur Weltgesellschaft

Ursprünglich waren menschliche Wesen Sammler und Jäger, Angriffs- und Fluchtwesen. Sie kämpften um ihre Existenz und dies tun sie bis heute: Der Mensch, ein Mangelwesen, ist der nackte Affe der Evolutionsbiologen. Täglich und immer wieder aufs Neue, seit Jahrmillionen.

Von den Bäumen über die Savannen machte er sich auf, von den ersten Stämmen, bis zum heutigen Tage, da in Zeiten der Ausgrenzung und Entzivilisierung das Fremde Angst auslöst und böse Erinnerungen. Die Geschichte der Überfälle und Kriege ist tief im kollektiven Bewusstsein der Menschen und Völker verankert. Geschichte als Ergebnis von

Klima, Erfindungen, Wanderungen, Assimilierungen, Vertreibungen, Genoziden.

Kurze Wellen der Aggression und Entzivilisierung wurden und werden von langsamen Wellen der Zivilisation abgelöst. Diese aber ist im Zeitalter der Ausgrenzung Hunderttausender oder gar Millionen und der Automatisierung der Wirtschaft und der Kriegführung durchaus brüchig.

Mit der Emanzipation des Individuums von der Gruppe oder Familie begegnet der Mensch sich zunächst schutzlos selbst. Es kann zur Paarbildung kommen. Die Mechanismen dazu sind komplex. Die Menschen der Paarbeziehung können sich stützen und korrigieren. Dies erlaubt die Rechtfertigung des Menschen auf dem Wege von der Sexualität über die Erotik zur Liebe.

Vom Tribalismus zur Postmoderne.

Die Sammler kannten schon den Austausch von Waren, also die Urform des Handelns. Sie definierten Werte, die ihnen wichtig waren, die sie für ein Überleben oder ein gutes Leben benötigten. Daraus entwickelte sich später über Münzen das Geld, dessen Werterhalt bis heute Probleme macht, ja sogar Kriege entfacht. Sein Überfluss ist ebenso schädlich wie sein Mangel. Zur Zeit wird in Europa auf dem Höhepunkt einer beispiellosen Schuldenkrise allen Ernstes über eine Abschaffung des Bargeldes nachgedacht. Geld oder Nicht-Geld, das ist hier die Frage.

Geld ist immer mit Macht und Ohnmacht verbunden. Und Macht, erst recht digitale Macht, ist die ultimative Ware, geradezu die Erlaubnis Geld zu drucken. Und das wird immer so bleiben. Wer es zerstört, zerstört nicht nur Werte oder Kaufkraft, sondern auch Vertrauen. Aber machen Sie sich keine Sorgen, Geld wird bald digital, Bargeld wird abgeschafft. Schäuble meint eine 500-Euro-Note sei zu kriminell. Das haben ihm die Finanzrichter gesagt und der IWF, die jahrelang den Cum/Ex-Geschäften zuschauten.

Zurück zu den Sammlern. Sie kannten auch den Kampf: gegen wilde Tiere. Gegen andere Stämme und Gruppen. Zunächst mit den bloßen Händen, dann mit Steinen und Waffen. Es gab Mitbewohner auf der Erde: Wölfe, Pferde, das Mammon, die urtümliche Ziege, das urtümliche Schaf. Die Jäger lernten, dass sie besonderes Jagdglück erlangen konnten, wenn Sie den Herden folgten. Diese Annäherung führte später zur Domestizierung des Pferdes – das Pferd wurde über Jahrtausende zum Partner des Menschen.

Mit den Frauen war das anders. Diese wurden zunächst als Fruchtbarkeitsgöttinen verehrt, ihnen wurden Altäre und Tempel gebaut. Sie testeten als Amazonen das Leben ohne Männer. Die Männer erfanden nach Jahrtausenden des partnerschaftlichen Zusammenlebens dann das Patriarchat, das parallel zur Entwicklung monotheistischer Gottesvorstellungen die Partnerschaft seit Jahrtausenden stört. Bis heute stehen Matriarchat und Patriarchat in einem gewissen Wettstreit, wird Frauen die feminine Urmacht geneidet.

Das Humane ist eine normative Konvention, instrumentalisierbar zum Zwecke der Ausgrenzung und Diskriminierung. Zu dieser kommt es seit Jahrtausenden aus verschiedenen Gründen.

In Zeiten der hohen Bevölkerungsdichte und der arbeitsteiligen Fertigung sind es andere Mechanismen als vor 10.000 Jahren im Delta der Donau oder im Zweistromland zwischen Euphrat und Tigris oder in den Steppen um das Schwarze Meer. Aktuell besitzen In Deutschland 10 Prozent der Bevölkerung 50 Prozent des Wohlstandes bzw. Reichtums. In den USA besitzen 10 Prozent der Bevölkerung Zugriff auf 80 Prozent des Bruttosozialprodukts. Der Rest lebt von Werkverträgen, Leiharbeit, Minijobs.

Viele, zu viele Banken spekulieren mit dem von Draghi & Co oder von Hedgefonds zur Verfügung gestellten Geldern weiterhin wie am Roulettetisch oder mithilfe von Algorithmen, die die Kapitalströme steuern. Bankster machen den ehrlichen Bankern und Bürgern das Leben schwer bis unmöglich. Die Eigenkapitaldecke der Menschen und Unternehmen wird geplündert. Der kannibalistische Turbokapitalismus lenkt dabei davon an, dass der nützliche Kapitalismus, der im Sinne des *königlichen Kaufmanns* einen gegenseitigen Nutzen stiftet, auf dem Sterbebett liegt. Sinkende Wachstumsraten bei gesättigten Märkten, wachsende Ungleichheit bei nachlassender Kaufkraft und steigende private wie öffentliche Schulden führen zur Zerstörung des Geldes durch die Finanzmärkte.[8]

Nun kommen als Folge der politischen, ökonomischen und klimatischen Verwüstung vieler Weltregionen, die um ihre Zukunft und Existenz-Sicherheit gebrachten Menschen als Armuts-Nomaden zu uns und lösen zurecht Ängste aus bei jenen, die es selbst kaum noch schaffen, und bei den Turbokapitalisten, den es nicht um den freien Austausch von Menschen und Ideen geht, sondern nur um den von Waren. Diese Armuts-Nomaden stören die von langer Hand geplante Entmachtung nationaler Rechtsstaatlichkeit durch das sogenannte

---

[8] Die Zerstörung des Geldes durch die Finanzmärkte, Kübler,U, Tradition

Freihandelsabkommen TTIP. Konzerne können mithilfe ihrer Schergen, den juristischen Spezial-Kanzleien, jeden Gesetzgeber verklagen, wenn eine Investition oder eine feindliche Übernahme oder eine Privatisierung nicht möglich ist. Dass die Folgekosten nicht der Staat, sondern die Bürger des Staates zu zahlen haben, dass diese sich bald fast gar nichts mehr leisten können, da sie um ihre Kaufkraft gebracht worden sind, muss sich erst noch herumsprechen. Die Gerichtshöfe, vor denen diese Fälle *verhandelt* werden, sind ein Kapitel für sich.

Die entscheidungsanbahnenden Beraterhonorare für Staatsekretäre, Richter, Staatsanwälte und Minister laufen nicht über die Konten der Bezirkssparkassen oder ordentlicher Banken. Warum wohl existieren Offshore-Oasen und warum werden diese nicht aufgelöst? Warum zahlt in Griechenland der Maronen-Verkäufer Steuern, nicht aber der Reeder? Und da wagt es der derzeitige Chef der *Deutschen Bank*, deren Aufseher von einer Manipulation des *Libors* gewusst haben soll, das Ende des Bargeldes zu verlangen oder besser gesagt anzukündigen. Es ist dies ja schon so gut wie beschlossen.

Wenn dies zu einem arbeitslosen Grundeinkommen, also zu einer Partizipation am Welt-Brutto-Sozialprodukt für alle Menschen ab Geburt führt, bin ich einverstanden. Das könnte man jedem Bürger regelmäßig auf sein Handy als Zahlungsmittel für die Grundbedürfnisse laden. Das sollte der Weltgesellschaft möglich und ihre Sicherheit wert sein. Es ist technisch machbar, wesentlich preiswerter als jede Bankenrettung und es schafft Mehrwert. (Bei der Bankenrettung ist das Gegenteil der Fall. Das ist nur Konkursverschleppung und die Schaffung wirtschaftlicher Zombies, also Untoter, die nur die Märkte vergiften.) Vielleicht würde das den Migrations-Druck reduzieren. Im Gegenzug sollte man das Ende der Offshore-Oasen verlangen. Warum jagt der Fiskus eigentlich nur Steuersünder in der Schweiz, nicht in London, nicht auf den Cayman-Inseln, nicht auf den Bahamas, nicht auf den Bermudas, nicht in Delaware? Wer über die Abschaffung von Bargeld nachdenkt, sollte auch dazu in der Lage sein.

Das Ende der Schöpfung – Gott war weiblich

Die weibliche Göttin steht für das Mysterium der Verwandlung des Todes in neues Leben. Wandel der Formen: Raupe, Puppe, Schmetterling: Pantheon.

Die Welt der Schöpfungsmythen war nicht von weiblicher oder männlicher Polarität beherrscht, sondern von Ergänzung.

Die Gesellschaftsformen, die dabei entstanden, zeigten die Frau als gleichberechtigte Partner oder sogar als jungfräulich kämpferische Göttin, als Trägerin unfassbarer Geheimnisse.

Die Gesellschaft der Ur-Europäer war egalitär. Sie zeigte keine hierarchische Strukturierung und wies eine egalitäre Nutzung der Ressourcen auf. Sie differenzierte nicht zwischen Reich und Arm; es bildeten sich matrifokale Strukturen heraus, die erst Jahrtausende später von atrilinearen abgelöst wurden. Am Anfang war die Erdgöttin, dann die Sonnengöttin, aus ihnen gingen Göttersöhne hervor, aber weit und breit war kein monotheistischer Vatergott zu sehen. Dieser trat erst nach der Ermordung der Alpha-Tiere der Urhorde auf. Tatsächlich scheint es so gewesen zu sein, dass der Mann jahrtausendelang um seine gesellschaftliche Gleichberechtigung und um die Emanzipation von der großen Mutter ringen musste.

Auch auf anderen Kontinenten, so in Südamerika findet sich Matrifokalität: in der Andenkultur herrscht die Sonnengöttin, deren Kinder wiederum die Götter der Sonne, männlich, und auch die des Mondes sind. Die Frau gab das Leben und die

Fruchtbarkeit und nahm die Toten wieder in sich auf, um danach neues Leben zu spenden.

In den Mythen der Urvölker starb ein König, der Sohn einer Göttin nicht, vielmehr erhielt er durch sein Opfer die Kreisläufe der Natur aufrecht. Er sorgte durch seinen Tod für die Fruchtbarkeit der Ackerbaugesellschaft. Zusammen mit der Schöpfergöttin hatte er also eine sakrale Aufgabe. Der auferstandene, auch der geopferte und dann wieder auferstehende Jesus Christus steht in dieser animistischen Tradition. Bis heute nennt die katholische Kirche Jesus auch das *Opferlamm.* – Schon früher gab es Menschenopfer. Der Geschichtsschreiber Strabon teilt mit, dass die Römer nach der Eroberung Galliens die dort üblichen Menschenopfer verboten hätten.

Auch in den Steinzeithöhlen sehen wir Symbole dieser Religion. Die Donauzivilisation kannte den Mutterschoß, dargestellt als Dreieck auf vielen Statuetten. Daneben findet sich in der Steinzeit nicht die Spur eines männlichen Gottes. Als er dann in Ägypten und Griechenland erscheint, ist er entweder Sohn oder Heros-Gott der mächtigen Muttergöttin. Die große Mutter ist die Kultur schöpfende Gottheit, an der sich die Männer zu orientieren hatten. Sie gab das Leben und die Fruchtbarkeit.

In den Stadtstaaten der Sumerer zwischen Euphrat und Tigris, aus dem heute unsere Flüchtlinge stammen, entstanden nach der Sintflut Religionen in ihrem Namen und eine Kulturblüte.

Auch die älteste Kultur Europas, die Donauzivilisation, entstand im Namen der Muttergöttin, wie viele Funde von Göttinnen-Statuetten zeigen. Die Religion dieser Muttergöttin wurde über eine ökumenische Tempelwirtschaft ausgeübt. Vom Tempel und seinen Priestern wurde die Aussaat organisiert. Es war also ein System der kollektiven Produktion.

In den alten Schöpfungs-Mythen Mesopotamiens wurde die Erde vom Himmel getrennt. Die Muttergöttin hielt sich entweder im Himmel oder in der Erde auf. Im Ischtar-Mythos Babyloniens heißt es: *Ich fliehe zu Dir, Frau der Frauen, Göttin der Göttinnen, Ischtar, Königin aller Städte, Führerin aller Menschen. Du bist das Licht der Welt, Du bist das Licht des Himmels, mächtige Tochter Sins ...*

Vergleichen Sie diesen Respekt vor der Frau einmal mit der später aufgetretenen tribalistischen Religion des Islams oder auch bestimmten Deviationen des Christentums. In diesen Religionen ist die Treue zu Gott nur gegen die Frau zu realisieren. Der Frau wird ihre schöpferische Allmacht geneidet, sie wird daher nicht geachtet und teilweise gesteinigt und zerstört.

Es heißt weiter im Ischtar-Mythos: *Erhaben ist Deine Macht o Herrin, gepriesen bist Du über alle Götter. Du sprichst Urteil und Dein Entscheid ist gerecht. Dir sind die Gesetze der Erde, die Gesetze des Himmels untertan, die Gesetze der Tempel und der Schreine, die Gesetze des Privathauses und wie lange, Königin des Himmels und der Erde, wie lange Schäferin der blassen Menschen, wirst Du säumen?*

Wie lange, oh Königin, deren Füße nicht müde sind und deren Knie in Eile? Wie lange, Herrin der Heerscharen, Herrin der Schlachten?

Glorreiche, die alle Geister des Himmels fürchten, die Du alle zornigen Götter unterwirfst. Mächtige über alle Herrscher, die Du die Reihe der Könige hältst. Öffnerin des Schoßes aller Frauen, groß ist Dein Licht. Leuchtendes Licht des Himmels, Licht der Welt, Erleuchter aller Orte, wo Menschen wohnen, die Du sammelst, die Völker. Göttin der Männer, Gottheit der Frauen. Dein Rat übersteigt alles Begreifen. Wo Du hinfliegst, entsteht der Tote zum Leben und der Kranke erhebt sich und schreitet; der Geist des Erkrankten wird geheilt, wenn er in Dein Antlitz schaut. Wie lange, Herrin wird mein Feind über mich frohlocken? Befiehl, und auf Deinen Befehl wird der zornige Gott zurückweichen.

Ischtar ist groß, Ischtar ist Königin! Meine Herrin

sei gepriesen, meine Herrin ist Königin Inini, die mächtige Tochter Sins. Es gibt niemand, der ihr gleich ist.

Im Pantheon der Götter steht die Frau also ganz oben und wenn man diesen Urmythos auf sich wirken lässt, gelangt man zu der Vermutung, dass die später auftauchenden monotheistischen Religionen, die sich auf Abraham berufen, patrilineare Schöpfungen des Patriarchates sind, also ein Versuch, sich vom Matriarchat zu emanzipieren. Die Treue zu Gott wird als Gegnerschaft zur Frau definiert.

Die Donauzivilisation scheint diesbezüglich friedlich gewesen zu sein. Im alten Griechenland war es wohl anders: Offensichtlich projizierten die Griechen ihre Ängste vor Frauen, als sie ihre oligarchischen Stadtstaaten gründeten, auf den kriegerischen Stamm der Amazonen, die sich laut Hippokrates um das Schwarze Meer herum finden ließen. Er schrieb:

In Europa gibt es einen Skythenstamm, welcher um den Mäotischen See herum wohnt (so nannte man damals das Schwarze Meer) *und sich von den übrigen Stämmen erheblich unterscheidet. Man nennt ihn die Sauromaten. Die Frauen aus jenem Volksstamm reiten, schießen mit dem Bogen, schleudern den Wurfspeer vom Pferde herab und kämpfen, solange sie Jungfrauen sind, gegen die Feinde. Sie schlafen nicht eher mit einem Mann, bis sie drei Feinde erlegt haben, und erdulden nicht eher den Beischlaf, als bis sie die gesetzlich vorgeschriebenen Opfer dargebracht haben.*

Die Amazonen trennten Sex und Liebe. Es waren ihnen verboten, Männer anders als in beliebiger Zahl zu sehen.

Die Amazonen schrieben den kriegerischsten Teil der Geschichte des Matriarchates. Durch Sie wurde der Krieg, den vorher die Männer erfunden hatten, weiblich. Durch die Sesshaftwerdung des Patriarchates, mit dem sie konkurrierten, wurde das nomadische Matriarchat später wieder zerstört. In einigen Teilen der Welt hat aber das friedfertige Matriarchat überlebt. So bei den Mosui in China. Den Männern dort geht es nicht schlecht. Sie führen eine Art Besuchsehe.

Geschichtsschreibung ist meistens männlich, auch dieses Buch wird von einem Mann geschrieben. Es gibt meines Wissens nach keine weibliche Geschichtsschreibung, auch kaum Historikerinnen. Dies ist eine Katastrophe, denn damit wurde das matrilineare Element der Kulturgeschichte des Menschen ausgeblendet. Es hat nur in alten Mythen überlebt.

In diesem Zusammenhang sind die Ausgrabungsergebnisse in den Arealen der sog. Donauzivilisation bemerkenswert. (Näheres in Harmann, H, *Die Indoeuropäer*, C. H. Beck)

Die Eiszeit war zu Ende und die Wassermassen des Mittelmeeres durchbrachen die bis dahin bestehende Landbrücke des Bosporus. Als Folge der Flut entstand um 6000 v. Chr. das Schwarze Meer. Die Uralier in den nördlichen Wäldern setzten ihre traditionelle Kultur als Sammler, Fischer und Jäger fort, während die Indoeuropäer im Süden das Pferd domestizierten und die Gebiete zwischen Wolga und Don besiedelten. Etwa 8000 v. Chr. hatten sie eine Partnerschaft von Mensch und Pferd begonnen, im 7. Jahrtausend v. Chr. wurden Pferde zusammen mit Schafen und Ziegen gehalten, ab dem 5. Jahrtausend v. Chr. wurden Pferde als Zugtiere verwendet und ab dem 3. Jahrtausend v. Chr. Pferde als Reittiere für Krieger, sowohl männliche als auch weibliche.

Das Reich der Skythen wurde von einer Reiterelite regiert und unter den skythischen Elitekriegern gab es auch Frauen. Das skythische Reich dehnte sich über weite Teile der Ukraine und Russland aus. Die natürlichen Grenzen bildete die Donau im Westen, der Don im Osten, die Schwarzmeerküste und die Halbinsel Krim im Süden. Im Norden reichte das

Einflussgebiet der Skythen bis in die Gegend von Kiew. Sie besiedelten den Kaukasus und drangen bis an den Rand der Taglimatanwüste, einem Ausläufer der Wüste Gobi vor. Dort findet sich beispielsweise die *Schöne von Lulan,* eine wunderbar erhaltene Mumie, deren rekonstruierte Gesichtszüge eindeutig europäisch und nicht asiatisch sind. Neben dem Rad besaßen die Skythen eine hoch entwickelte Metalltechnologie und Töpferkunst.

Die Amazonen begannen sich gegen die phallische Dominanz und die phallisch orientierte Versuchung, das Leben zu kontrollieren, zu wenden. Die historischen Voraussetzungen waren aufgrund der halbnomadischen Reitergesellschaften und der noch offenen Territorien offensichtlich besser als heute, die biologischen Voraussetzungen schwierig. Beispielsweise waren große Brüste beim Schießen mit der Armbrust hinderlich. Den Töchtern der Amazonen wurde deshalb eine Brust durch Einbinden klein gehalten. Die komplette Entfernung einer Brust ist wohl eher ein Gerücht.

In Zusammenhang mit den amazonischen Mythen sind folgende Feststellungen wichtig:

Zu dieser Zeit galt das Ei als Sitz des Lebens, Vögel, beispielsweise Ente und Gänse, transportieren im Fluge die Eier und legen sie aus. Eier können gespalten werden: Sie enthalten Wasser, das als kosmi-

sche Flüssigkeit des Lebens gelten kann und Aminosäuren und Fette enthält, also die Voraussetzung für
die Bildung von Sphären. In den alten Mythen werden Frauen mit Vögeln gleichgesetzt. Im Germani-
schen bedeutet *Vögeln* den Geschlechtsakt auszu-
üben, also das Leben fortzupflanzen oder zu empfangen. In indoeuropäischen und griechischen Stät-
ten fand man Frauen mit Vögelköpfen und als Prometheus die Rache der Götter traf, weil er die ihnen
die bis dahin exklusive sexuelle Lust gestohlen und
den Menschen gebracht hatte, wurde er nach Sigmund Freud für seinen Triebverzicht bestraft. Dabei
ist zu fragen. Wem hat er geschadet, als er versuchte,
die Lust zu bezwingen? Für den Träger des Phallus
bedeutet das Eindringen in ein Ovum das Ringen
mit einem anderen Phallus. Der muss mit seinem
Phallus um die Gunst des Vogeleis der Urmutter
ringen, muss also einen anderen Phallus bezwingen.
Bis heute benehmen sich einige Männer ja so.

Im Mythos bestrafen ihn die Götter; tatsächlich kann
man das auch anders sehen: Der Mythos zeigt die
Macht der Urmutter in Form des Vogels, der das Ei
transportiert: Prometheus wird an den Kaukasus,
immerhin die Heimat der Amazonen geschmiedet,
wo er bewegungslos auf das Kommen und Gehen
der Lust harrend aushalten muss, sodass ihm die
große Vogelgöttin des Lebens in die Leber picken

kann. Der große Sigmund Freud hat den Mythos also verbogen, damit er zu seiner Theorie passte.

Merke:
Die Phalli kommen und gehen, die Lust kommt und geht auch (humoristische Anmerkung). Heute verwendet man eine Samen- oder Ei-Spende und die In-vitro-Fertilisation. Auch wird bereits an der Herstellung künstlichen Samens gearbeitet.

Tatsächlich kann dieser Mythos bedeuten, dass die große Göttin des Lebens matrifokal über Tod und Leben und Erneuerung entscheidet. *Sie* sucht sich den Phallus aus, *sie* entscheidet, wann sie Leben spendet, *sie* entscheidet, wann sie Lust empfängt und wann sie die Lust zerstört.
Das passte Herrn Freud natürlich nicht. Er sah in diesem Mythos eine Andeutung auf den Verzicht, phallische Triebe homosexuell zu befriedigen. Ziemlich pervers oder durch seine eigene Vita verständlich.
Wegen der Kombination der Sage des Prometheus mit der Vogelgöttin und dem kosmischen Ur-Ei greift er da meines Erachtens daneben oder zu kurz. Die Griechen waren da weiser. Sie kannten das kosmische Ei und die Sphären. Sie wussten, dass das Ei von Vögeln transportiert und das Leben aus

ihm entsteht sowie das Leben von der Frau auch über ein zelluläres Ovum transportiert, empfangen und weitergegeben wird.

Die Griechen hatten auch Figurine mit phallischen Hälsen und fehlenden Köpfen, Brüste mit verschränkten Armen (kreuzähnlich!). In der Hüfte das manische Ypsilon, als phallische Pforte und Austrittsort des Ovums, symbolisieren diese Statuetten androgyne Göttinnen: die phallische Frau. Die Kriegerin, die sich matrilinear in Abgrenzung zur Patrilinearität das Leben selbst holt, das Leben verwaltet und, wenn es sich denn in Himmel und Hölle spaltet, notfalls den Krieg auslöst und das Verderben. Die phallisch androgyne Göttin des Lebens als Spenderin des Lebens, als Sachverwalterin der zerstörerischen Kräfte der Natur, aber auch der Wiedergeburt im Sinne der Erneuerung. Dazwischen lagen das Feuer und die Leber als Symbol des Kommens und Gehens der Lust.

Prometheus wurde also gefesselt von matrifokaler Lust.

Die Eiszeit war nun zu Ende, das Reich der Skythen wurde von männlichen und weiblichen Reitereliten regiert, im 5. Jahrtausend hatte sich das skythische Reich über weite Teile der Ukraine ausgedehnt. Die Griechen kamen bei ihrer Siedlungstätigkeit rund um das Schwarze Meer in Kontakt mit jenen Nomadenvölkern, in denen Frauen eine wichtige Rolle spielten, im Notfall auch den Kampf nicht scheuten.

Im Übrigen lehnten die Amazonen die griechische Lebensart ab. Es gab allerdings Mischehen. Der Geograf Strabon nahm sich der Amazonensagen an; er erzählt von Amazonen, die am Nordhang des Kaukasus lebten und vor allem Pferdezucht betrieben, sich des Bogens, der Streitaxt und des Schildes bedienten und deren Helme und Mäntel aus Tierfellen bestanden. Im Frühjahr kam es jeweils zu einer Zusammenkunft mit den Gargariern, einem benachbarten Stamm, um die Nachkommenschaft zu sichern. Die Amazonen behielten die Mädchen, die Knaben wurden zu den Galgariern geschickt.

Arabische Geografen des Mittelalters berichteten im 10. Jahrhundert von einer Stadt der Frauen irgendwo im Nordosten Folgendes: *Westlich der Russen liegt die Stadt der Frauen. Diese besitzen Äcker und Sklaven. Von Ihren Sklaven werden sie schwanger und wenn eine von ihnen einen Knaben gebärt, tötet sie ihn. Sie reiten zu Pferd, führen Krieg und sind voll von Mut und Tapferkeit.*

Viele Autoren weisen auf Städtegründungen durch Amazonen hin. Es handelt sich interessanterweise durchweg um Küstenstädte. Die Damen scheinen also auch die Seefahrt beherrscht oder beispielsweise mit den Phöniziern Kontakt gehalten zu haben. Auf jeden Fall siedeln die Frauen in dieser Geschichte östlich des Schwarzen Meeres in der Gegend des Flusses Thermodon. Auch Strabon hält dieses Gebiet für das Ursprungsland der Amazonen, die im Kaukasus-Gebiet lebten.

Die Göttin Marwar war die seit Urzeiten verehrte Muttergöttin der kleinasiatischen Urbevölkerung. Tatsächlich scheint es so gewesen zu sein, dass der Mann jahrtausendelang um seine gesellschaftliche Gleichberechtigung und um die Emanzipation von der großen Mutter ringen musste. Er lernte dabei zunächst als ihr Unterworfener die Planung und Organisation der Gesellschaft. Das befähigte ihn später Staaten zu gründen.

In alter Zeit wurde das Universum also weiblich gedacht. Überspitzt kann man sagen: *Gott war/ist weiblich.* Das Universum war schöpferisch, brachte das Leben, das Wissen und die Weisheit hervor, und damit war die Muttergöttin ebenso wie das Universum heilig. Wissen und Weisheit waren weiblich. Nicht umsonst ist die Philosophie im Griechischen weiblich: *Philosophia.*

Weisheit galt als Eigenschaft der großen Göttinen. Die Urgöttin war die Mutter der Göttin. Die ägyptische Himmelsgöttin Mart verkörperte die Wahrheit und die Gerechtigkeit. Die Sonnenkönige der Ägypter wurden wie das Gestirn täglich durch ihren Leib im himmlischen Universum wiedergeboren, auch nahmen sie die Toten wieder auf, um ihnen neues Leben einzuhauchen. Denn die Pharaonen starben nicht. Daher ist die Annahme, das Altertum und die Antike seien patriarchal organisiert gewesen, möglicherweise eine Geschichtsfälschung. Diese hängt wohl mit der christlichen Überlieferung zusammen.

Der Prophet Jesaja sagt: Ich bin Gott, nicht ein Mann. Und in der Bibel steht: *Gott schuf den Menschen nach seinem Bilde, nach dem Bilde Gottes schuf er ihn. Männlich und weiblich schuf er sie* (Genesis 1,27). Territorialität und Sexualität sowie Nationalität haben also Zusammenhänge.

Bemerkenswert ist in der letzten Zeit das vermehrte Auftreten weiblicher Kämpferinnen in Afrika. Frauen ziehen im ruandisch-kongolesischen Grenzgebiet in den Kampf.

Es gab also in der Geschichte, nicht nur in der Urgeschichte, bemerkenswerte Versuche auf das Patriarchat zu verzichten, mithilfe der Herrschaft der Mütter

Von den Affen der Urhorde über die Ausrottung von Konkurrenten spanen sich von der Urgeschichte bis zum Beginn der Geschichtsschreibung die Bögen. Es bleibt doch das Paar als erotische Rechtfertigung des Menschen

Offensichtlich reguliert immer wieder die Erotik die Erlebnisebenen. Der Eros ist der Logos der Seele. Der menschliche Weltbegriff geht auf die erotische Struktur des Lebens zurück. Insofern darf man sagen, der Eros ist der Motor der Evolution und der Paarbildung, Sender und Empfänger wertvoller Signale; letzten Endes die Basis der Individualität. Die Liebe des Paares ist das anthropologisch ultimativ zu Schützende, jenseits von Territorialität, Nationalität und Bestialität. Sie ist die Sehnsucht nach der fortwährenden Ergänzung durch die begehrte Seele.

In der Welt des alten Europas vor 9000 Jahren trafen die einwandernden neuen Stämme auf die Donauzivilisation. In ihr war die Gesellschaft egalitär organisiert. Die ökonomische und politische Autorität lag weitgehend bei den Frauen. Die Hierarchisierung spielte keine so große Rolle.

Die Rückkopplung funktionierte noch. Erst im Verlauf des 4. Jahrtausend vor Christus verlagerte sich der Schwerpunkt der Kontrolle über Produktionsmittel, Waren und Handel auf die Seite der Männer. In diesem Prozess, der ganz offensichtlich mit der Überformung der alteuropäischen Gesellschaft durch die Sozialstrukturen der einwandernden Indoeuropäer in Zusammenhang steht, wurde der Einflussbereich der Frauen immer mehr auf das häusliche Milieu eingeschränkt. Das Modell der Staatsbildung setzte sich schließlich gegenüber der Ökomene durch. Dies war nur über den Zwischenschritt der Entstehung einer Elite mit politischem Führungsanspruch möglich und dieses Gesellschaftsmodell wurde nach Südosteuropa importiert: von den Steppennomaden.

Das Amazonentum und die Amazonen waren also der Versuch der Herstellung einer Matrilinearität bis in die Staatsbildung und Gesellschaftsformierung hinein, der Versuch Liebe und Fortpflanzung von der Sexualität zu trennen oder die Inkaufnahme dessen. Die Amazonen entstanden aus einer Gruppe zurückgelassener Nomadinnen die, von ihren Männern verlassen, in feindliche Hände gerieten, also geraubt und vergewaltigt wurden. Eine andere Gruppe konnte sich durch Flucht und geschicktes Verhalten davor retten, ein nicht von Männern kontrolliertes Territorium gründen und auch die Verteidigung selbst übernehmen.

An der Wiege dieser Existenzform steht also ein Konflikt: Der Verlust der Männer und die drohende Inbesitznahme der Frauen stellte vor die Wahl zwischen Leben und Tod. In diesem prekären Gründungsmoment waren das Leben bzw. Überleben und das Frausein unvereinbar. Die Aggression der Nachbarn zielte auf ihr Leben und bediente sich der erzwungenen Sexualität, also der Vergewaltigung als Mittel zum Zweck. Die Skythinnen reagierten auf die drohende Gewalt, indem sie sich selbst Gewalt antaten. Dazu gehörte die Leugnung der eigenen Sexualität genauso wie das Verbot zu lieben. Für die Freiheit, die sie sich nahmen, gaben sie einen Teil ihrer selbst ab. Sie banden oder schnitten sich die rechte Brust ab, um ungehindert mit Pfeil und Bogen, Wurfspeer und Axt agieren zu können. Sie verstümmelten sich, um den Männern gleich zu sein, und machten aus dem Opfer ihrer Weiblichkeit ein Initiationsritual. Amazone durfte sich nur nennen, wer sich diesem Akt der Verstümmelung unterworfen hatte, der die Ungeheuerlichkeit des Verlustes als Preis für die Maßlosigkeit des Gewinns forderte. Auf der einen Seite blieben sie Frau, auf der anderen Seite wurden sie zum Mann, dessen Eigenschaft sie sich rituell aneigneten. Erst das Fehlen des einen Geschlechtsmerkmales, einer erotischen Attraktivität, einer Verbindung zwischen Weiblichkeit und Mutterschaft, ermöglichte den Zugewinn von Männlichkeit als körperliche Überlegenheit, Herrschafts- und

Eroberungswillen. Die Geschichte wird zeigen, ob etwas Drittes vorstellbar ist zwischen Liebe und Gewalt.

Die Fähigkeit der Frau schwanger zu werden und Leben hervorzubringen, ist die Ursache der ambivalenten Gefühle, der mit ihrem Körper verbunden wird, ist die Ursache von Bewunderung und Verehrung, von Neid und Furcht.
Auch da gibt es mit dem Digitalen Probleme: Trifft die Digitalisierung auf die In-vitro-Fertilisation unter Einsatz der gentechnischen Methoden wie der Genschere *CRISPR/Cas*, dann vereinigen sich die Betriebssysteme nicht mehr unter erprobten Bedingungen, sondern es kommt zu Manipulationen und Raubkopien, der zelluläre Apparat wird vergewaltigt und seiner Autonomie beraubt.

Der Vater-/Mutterbegriff verwirrt bis heute die Gesellschaft.
Ursprünglich waren Frauen Anfang und Ende der Familie, die Göttinnen des Lebens, die neben dem toten Gott herrschten. Frauen waren die Göttinnen des Himmels, der Erde und des Lebens.
Die Amazonen wollten eine unbeschwerte selbstbestimmte Zukunft und überlebten eine lange Zeit dank des Nimbus' der Unbesiegbarkeit. Die grie-

chischen Geschichtsschreiber Herodot und Humäa suchten nach einer Erklärung für das ihnen von Handelsreisen übermittelte Phänomen der Amazonen, eines von Frauen regierten Staatswesens, wo die Frau nicht zur Bedeutungslosigkeit verdammt war, wie in Griechenland, wo eine intelligente Frau es maximal bis zur Hetere eines mächtigen Mannes bringen konnte.

Es ist, wie gesagt, anzunehmen, dass sich, nachdem sich die Männer in der Steppe jahrhundertelang zu Tode erobert hatten – nach dem Motto *Von der Territorialität über die Nationalität zur Bestialität*, wie später Franz Grillparzer den Gang der Geschichte beschrieb – eine von Raub, Vergewaltigung und Tod bedrohte skythische Frauengruppe zurückzog, die sich auf sich selbst besann und mit Pferden kooperierte, um sich mit Pfeil und Bogen zu verteidigen und sich auf die Werte von Freiheit, Gleichheit und Schwesterlichkeit besann. Sie wurden dazu erzogen, Männer als beliebig austauschbare Exemplare anzusehen. Sie durften sich zwar verlieben, aber der Liebe nicht dauerhaft hingeben.
Verführung bedeutet nicht, jemanden zu besitzen. Der Verführung sind Besitzansprüche der Liebe fremd. Verführung ist zeremoniell, Liebe ist pathetisch, Sexualität ist relational.

Die Regelung der Nachwuchsfrage bei den Amazonen erinnert an die heutigen Techniken der Eispende, Trennung von Liebe und Sexualität. Sie übernahmen die aktive Rolle beim Zeugungsakt und nahmen sich die Männer, die ihnen über den Weg liefen und Genuss verschafften, nur verlieben durften sie sich nicht. Sie trennten Liebe und Sexualität so strikt, wie das gewöhnlich nur Männer tun konnten.

Sie wichen der Verführung der Territorialität aus, die über Besitzansprüche nur zu Kriegen führt, deren Zweck es ist, stationäre Verbrecher zu schaffen, und das geht nur mit Waffen, notfalls digitalen.

Die Etrusker versuchten es später mit der Schönheit und dem Matriarchat. Das besänftigte das patrilineare Element, aber nicht für immer. Rom drängte die feminine Allmacht zurück und ließ die Patriarchen des ursprünglichen Stadtstaates Rom, Romulus und Remus, von einer Wölfin säugen, also die Geburt einer männlichen Jungfrau oder die Geburt männlicher Jungfrauenkrieger. Auf eine menschliche oder göttliche Mutter wollten sich die patrilinear denkenden und handelnden Römer also nicht berufen. Deswegen verlagerten sie das feminine Phänomen der Geburt sozusagen auf die Wölfin. Im Christentum war es dann später eine Jungfrau. Im Grunde waren die Römer patrilineare Atheisten und wohl deshalb auch waren ihre Kriege so grausam, expansiv und rücksichtslos: *Von der Territorialität zur Bestialität.* Man denke nur an ihre Gladiatorenkämpfe: einer (monarchischen) Republik unwürdig. Eher ein Vorgeschmack auf die totalitären und faschistischen Regime des 20. Jahrhunderts. Wie sagte Hannah Arendt: *Der Totalitarismus ist die Negierung der Humanität des anderen*

Zurück zu den Römern und ihren imperialen Problemen, die später im Nahen und Mittleren Osten die Briten erbten, als sie glaubten, das Osmanische Reich problemlos übernehmen zu können. Unter der Patronage meist weiblicher Könige kombinierten Sie die Piraterie mit dem Seehandel und nannten das später *private public partnership.* Heutzutage, nach Auflösung des britischen Empires und kurz vor der Abwicklung Amerikas wegen völliger Überdehnung und Überschuldung, kommen als monetäre Aasgeier anstelle der Piraten die Heuschrecken hinzu, die mit dem Geld aus Pensionsfonds und Offshore-Oasen unter den Dax-Konzernen Europas aufkaufen, was man braucht, um reich zu bleiben, ohne zu arbeiten. Eine Armada darauf spezialisierter Anwälte zahlt den Politikern Beraterhonorare, die durch Privatisierungen und Aufkäufe, welche sie kartellwidrig zulassen, privaten Reichtum und öffentliche Armut schaffen.

Relativ neu auf der Bühne sind die Söhne des Himmels, die Chinesen. Nach einer atemberaubenden Aufholjagd haben Sie nunmehr die größte Armut und die schlimmsten technologischen Rückstände überwunden. Aber um welchen Preis für die Umwelt und die Bürger! Es droht der Kollaps der Natur. Sie vergiften Boden, Wasser und Luft und verändern das Klima. Wenn es ihnen nicht gelingt, die Harmonie des Himmels wiederherzustellen, sterben viele von ihnen krank und arm, statt reich und gesund. Von der Harmonie des Himmels sind sie weiter denn je entfernt, auf die Kannibalisierung des Kapitalismus und die Ausbeutung des Menschen verstehen sie sich aber schon mal.

Bei den Amerikanern wurde nach dem 2. Weltkrieg, als sie den Engländern die Bürde des weißen Mannes glaubten abnehmen zu müssen, aus den Piraten der *ökonomic hit man*. Er zog den Vasallen das Geld aus der Tasche, zusammen mit dem Konzept *ewiger Krieg für ewigen Frieden*.
Dabei hatte bei der Erfindung Amerikas alles so gut begonnen: Freiheit, Menschenrechte für alle (außer für Schwarze und Indianer), preiswerte Technologien für alle. All die schönen Flugzeuge, Raketen und Automobile, später die Halbleiter und die Digitalisierung. In diesen Zeiten wurde noch lebenswer-

te Städte gegründet und die Zivilisation hatte noch Kraft. Was haben wir heute? Container-Lager, Baustellen, Flüchtlinge und Radikalisierung.

Wir sitzen in einer Technologiefalle. Denken Sie an die Roboter: Einerseits erledigen sie für uns gefährliche und monotone Arbeiten, anderseits machen sie menschlichen Arbeitseinsatz überflüssig

Das Ende des Humanen

Die Dekonstruktion der Zelle, der Frau und damit des Menschen. Posthumane Zombies: von *Botox* über *Genomic Editing* zu *Designerbabys*. Es zeigt sich die inhumane Fratze der Globalisierung.
Wenn der Klimawandel nicht entsprechend soziologisch, technologisch und ökonomisch kompensiert wird, kommt es zu einer zivilisationsfeindlichen Situation. Europa muss also Entscheidungen treffen, sonst bleiben von Europa nur posthumane und ökonomische Zombies.
Der Kapitalismus muss also neu erfunden werden. Es geht nicht, alle Arten unter dem Dach des Marktes zu vereinen, es entsteht sonst Leben jenseits des Menschen.

Wir benötigen also eine posthumane kritische Theorie und müssen uns der Folgen der Inbesitznahme und Dekonstruktion der Zelle bewusst werden oder besser: die Finger davon lassen. Sonst treffen am Ende Maschinen und künstliche Intelligenzen die Entscheidungen über Leben und Tod.

Somit sitzen wir in einer Technologie-Falle.

Die Vermarktung des Lebens durch den modernen biotechnologischen Kapitalismus ist eine ernste Angelegenheit: Es drohen der Tod des Menschen, die Dekonstruktion der Zelle und der Frau. Die Verführung ist noch zeremoniell, die Liebe ist noch pathetisch, die Sexualität ist nur noch relational. Design- und Wunschbabys sind aktuell für 140.000 $ im Angebot. Kinder mit drei Müttern sind kein Problem.

Das Verändern von Zellen humanen, pflanzlichen oder tierischen Ursprungs mit Hilfe der *CRISPR/Cas-Technik* gilt den Wissenschaftsgesellschaften im Rausche der genetischen Allmacht nicht als mutagen; was künstlich geschaffen wird, wird künstlich beendet werden: Die Zukunft wird manipuliert

Die postsäkulare Wende

Wir alle sind Geiseln. Wir alle sind Terroristen, schrieb Jean Baudrillard in *Die fatalen Strategien*[9] Die Konstellation von *Sklave* und *Proletarier* ist am Ende. Heute gibt es die Konstellation der *Geisel* und des *Terroristen*.

Wenn der Sex beim Sex bleibt, wenn das Soziale beim Sozialen bleibt und nirgendwo anders, dann gibt es keine Obszönität. Aber heute breitet sich das Soziale, wie auch die Sexualität, nach überall hin aus. Viele Dinge sind deshalb obszön, weil sie zuviel Bedeutung haben und zuviel Raum einnehmen. Das Gesetz hat seinen Platz dem Spiel und der Spielregel geräumt.

Heute wird sogar die Theoriebildung Algorithmen überlassen. Die Dialektik von Annahmen und experimentellen Fakten wird ausgeblendet oder vermieden: Induktion und Deduktion sind alte Hüte. Gigantische Datenwolken werden durchforstet, um Korrelationen herzustellen.

Maschinelle Faschismen entstehen. Das Brausen hinter der städtischen Fassade wird lauter: Totalitarismus ist die Negierung der Humanität des anderen.

---

[9] Die fatalen Strategien, Baudrillard, Jean, Matthes & Seitz

Die Nomadisierung Europas und der Welt ruft Widersprüche hervor: Nationalisten, Xenophobie, Rassismen. Der Tod des Menschen und die Dekonstruktion der Frau

Sie wollen das Betriebssystem der Zelle und des Menschen erobern, in es eindringen und es besitzen. Erst wird es gelesen, dann umgeschrieben, dann neu geschrieben. Auf jeden Fall wird es manipuliert und verändert. Nach der neolithischen Revolution kommt nun die digitale: Die enorme Kapazität der rechnenden Halbleiter hat in Kombination mit ebenso enormen Speicherkapazitäten Revolutionäres vollbracht: Gleichungen, für deren Lösung Einstein ein Team von Mathematikern unterhielt und wofür diese Spezialisten Wochen benötigten, werden in Minuten gelöst, die Bahndaten von Raketen verfolgt, Wetter und Klima simuliert. Impulse aus Magnet-Resonanz-Tomographen werden in Sekunden zu Bildern des Inneren des menschlichen Köpers zusammengesetzt. Spracherkennungs-Systeme setzen die Algorithmen des gesprochenen Wortes in Schriftzeichen um und können diese übersetzten. Roboter ergänzen und ersetzen oder kommunizieren mit dem Menschen, lernen von ihm und ersetzen ihn dann.

Die Digitalisierung der Daten und Algorithmen ermöglichen jedoch nicht nur eine beschleunigte

Wertschöpfung und im Bereich des Finanzwesens die scheinbare Beherrschung von Derivaten, sondern auch die Ausgrenzung solcher, die nicht über diese Daten und Technologien verfügen. Diesen soll bald auch noch das Bargeld genommen werden, um sie bei Wohlverhalten mit digitalen Almosen abzuspeisen. Vielleicht wird deshalb an einer Art von Bevölkerungs-Austausch gearbeitet.

Es entsteht neben neue Reichtum also auch neue Not und neue Armut. Und in diesen Zeiten denkt der deutsche Finanzminister, beglückt von Negativzinsen, die ihm bei der Beherrschung des Staatsdefizites helfen, zur angeblichen Sicherheit (wessen, bitte) auch schon einmal über die Abschaffung oder Begrenzung des Bargeldes nach. Er bringt somit eine Art von Falschgeld in Umlauf, wundert sich dann aber scheinheilig über die Zunahme der Schwarzarbeit. Wenn es ihm an steuerlichen Einnahmen fehlt, sollte er sich doch einmal für die in Offshore-Oasen geparkten gigantischen Summen interessieren. Die würden ihn wieder liquide machen. Bei der Suche würde ihm die NSA sicher gerne helfen.

Der Algorithmus oder die Software gegen Not, Ausgrenzung und Armut wurde noch nicht erfunden, auch noch keiner gegen den Klimawandel.

Während früher Opfertiere die erste Maßeinheit für Vermögen waren und dann später die ersten Münzen in Form von Edelmetallen erfunden wurden, sprechen wir heute von der Abschaffung des Geldes. Das Geld verliert seine Rolle als Tauschmittel und Geldspeicher. Dagobert Duck soll mit Selbstmord gedroht haben. Aber die Herren von Blackrock haben nur ein müdes Lächeln für den alten Herrn aus Entenhausen übrig und empfehlen aktuell Nachhaltigkeit, ernsthaft …

Geld konnte man zu Onkel Dagoberts Zeiten tragen, horten, umlaufen lassen, es war fairer und universell. Bits und Bytes müssen das erst noch beweisen. Vielleicht werden sie ebenso überbewertet wie die Gene. Vielleicht ist all das nur eine neue Maßeinheit für den Wahnsinn einiger Börsianer, oder ist der kürzlich mit angeblich 530 Milliarden Dollar ermittelte Wert von *Google* Mutterkonzern *Alphabet* nur ein Rechenfehler?

Kaum. Es sieht vielmehr so aus, als schüfen sich *Silicon Valley* und die *Wall Street* soeben in einer scheinheiligen und unkontrollierten Allianz ihr eigenes Geld. Vielleicht ist es Falschgeld, aber derzeit revolutioniert und verändert es die reale Welt in atemberaubendem Tempo. Die Grenzen zwischen digitaler und realer Wirtschaft verschwinden ebenso wie die zwischen der digitalen und realen Welt. Virtualität und Realität verschmelzen miteinander. Die Leistungsfähigkeit der Algorithmen für künstliche Intelligenz wird uns dann die letzten Reste der Privatheit genommen haben, wenn das Denken und Fühlen sichtbar geworden ist.

Zusammen mit der Hybridisierung von Zellen entstehen posthumane Verhältnisse, die für den Einzelnen und die Steinzeit-Demokratien nicht mehr beherrschbar sind. Diese Systeme benötigen die Vorstellung einer Seele oder eines *Selbst* nicht mehr, sie sind die Auslöschung dieser.

Wir geben in immer mehr Bereichen ohne Transparenz und ohne ausreichendes Bewusstsein für die möglicherweise irreversiblen Folgen Autonomie an Maschinen ab: auf den Finanzmärkten, im militärischen Bereich, bei der Überwachung realer und virtueller Räume, Systeme und Verfahren. Gleichzeitig nimmt die Hilflosigkeit, Ausgrenzung und Rechtlosigkeit des Einzelnen, ganzer Gruppen und Staaten zu. Die Systeme werden immer schlauer und immer unverzichtbarer. Sie könnten zu der Überzeugung gelangen, dass der Mensch oder bestimmte Menschen Störfaktoren sein. Einer Eliminierung mit von künstlicher Intelligenz gesteuerten Drohnen steht dann nichts entgegen. Schon heute lässt der Oberkommandierende der USA in Afghanistan oder Pakistan RFID-Chips (die Drohnen ins Ziel führen) an die Hütten jener Menschen kleben, die eine Gefahr für die Zivilisation des Westens darstellen sollen. Er, der Präsident der USA, der jeden Tötungsbefehl dieser Art angeblich persönlich unterzeichnet und auf diese Weise schon wenigstens 3000 Menschen ermorden ließ, erinnert sich offensichtlich nicht an den amerikanischen Bürger William Blake, der einst sagte: *Alles Lebendige ist heilig.* Im Gegenteil, er ist der Ansicht, dass *er gut im Töten sei.* Ja da steht er ganz in der Tradition der Mächtigen, die es für ein Attribut der Macht halten Leben geben und Leben nehmen zu dürfen. Darin unterscheidet er sich nicht von den mordenden und vergewaltigenden Diktatorendes Schwarzen Kontinents, nicht von den anderen Erfindern des Totalitären: Hitler, Mussolini, Stalin, Mao. Sie alle betrieben Nekro- und Biopolitik.

Welch eine Zivilisation ist das, die nicht mehr persönlich tötet, sondern Maschinen töten lässt? Das ist der Einstieg in eine Nekropolitik die, ergänzt um eine ebenfalls von Algorithmen gesteuerte Biopolitik, zu einer Diktatur der Systeme führen wird. Die überflüssigen Menschen lässt man dann wie einst die Indianer in Reservaten aussterben, umweltgerecht recycelt. Himmler benötigte dazu in Auschwitz noch Krematorien.
Die Sache könnte aber auch gut ausgehen, wenn es

gelingt, den Maschinen die besten Teile einer gewissen Ethik einzubauen, bevor wir oder die Systeme den Verstand verlieren. Oder wenn es gelingt Dummheit, Verblendung, Irrtum, Größenwahn und Gier auszuschalten, Eigenschaften, die fraglos immer wieder bei Menschen, Gruppen und Systemen auftreten.

Es könnte sein, dass wir in den nächsten Jahren erkennen, dass wir die Kontrolle über globale Krisen wie die Migration und die Klimafolgen verlieren oder verloren haben. Das scheint ja schon in diesen Tagen zu sein, wo die Menschenrechte und die Diplomatie nur noch virtuelle aber keine realen Größen mehr sind und Politik alternativlos oder gar nicht mehr stattfindet. Dann könnte ein politischer Algorithmus hilfreich sein, der menschliche Schwächen vermeidet: Wir Menschen sind das erste Tier, das um seine Sterblichkeit weiß. Unsere monotheischen patriarchalischen Religionen leiden aufgrund ihrer Verleugnung der Sterblichkeit an einem systemimmanenten Konstruktionsfehler, der immer wieder zu Ausrottungsfeldzügen führt. (Siehe beispielsweise der Kampf von Sunniten gegen Schiiten oder die Feldzüge gegen den Islam oder des radikalen Islams gegen die Ungläubigen.) Es könnte daher von Vorteil sein, über Systeme der Intelligenz zu verfügen, die keine Angst vor dem Tode, vor Macht- oder Vermögensverlust haben und nicht unter kognitiven Verzerrungen leiden. Verbunden mit einer einsichtigen und effizienten Exekutivfunktion hätte dieses System einen gewissen Charme.

Lokale Hirnprothesen gibt es ja schon. Seit Jahrtausenden bauen wir solche: Stöcke, Blindenhunde, Beinprothesen, Fahrstühle, Rollstühle, Autos, Roboter, Kampfroboter, etc. Doch wahrscheinlich werden wir dem Wettrüsten der Geheimdienste und Rüstungskonzern erliegen, die bestimmen dann die Ethik nach dem Nutzen. Das tun sie ja jetzt schon: Nehmen Sie den *NSA*-Skandal: Die Amerikaner haben uns und unsere Regierung längst unterworfen. Fast jeder Rechner auf der Welt ist ein offenes Scheunentor. Jeder kann erpresst, manipuliert und kontaminiert werden. Die Bundeskanzlerin meint, dass sich das nicht gehört, aber sie und ihre Minister lassen es geschehen, wahrscheinlich weil sie erpresst werden oder es im Sinne des Machterhaltes für richtig halten. Der Deutsche Richterbund erkennt darin kein Unrecht. Nur Horst Seehofer. Verfassungsrichter, die dagegen aufbegehren, werden vom Finanzminister (!) persönlich gemaßregelt. Plötzlich soll er sich dann an die gebotene richterliche Zurückhaltung erinnern, d. h. der Politik dienen und nicht dem Recht.

Und so dreht sich die Spirale des Schlimmeren. Was künstlich geschaffen wird, wird künstlich beendet werden

Selbstverbrennung durch Algorithmen

Inzwischen werden die Gefahren ja noch größer: Der Mensch will sich ja nicht länger auf die natürliche Evolution verlassen, sondern versucht, sich gentechnisch weiterzuentwickeln. Da jedoch unsere Eigenschaften von Hunderten von Genen gesteuert werden, können und werden zu forsche Eingriffe fatale Folgen haben.

Dennoch wird wohl das Projekt *Menschenverbesserung* früher oder später in Angriff genommen werden, die Frage ist nicht ob, sondern wann. Der Mensch wird sich dadurch sehr wahrscheinlich selbst ausrotten, auf jeden Fall wird die bisherige Individualität enden. Hierzu hat er sich seine eigenen Zellen vorgenommen, in dem Wahn unsterblich zu werden.

Die Stammzelle

Sie ist die Zelle, in der das Leben beginnt. Jene Zelle, die aus der Vereinigung einer mütterlichen

Eizelle (Ovum) mit den Erbsubstanzen des väterlichen Samenfadens entsteht. Daraus resultiert das Wachstum des Embryos mit allen embryonalen Merkmalen: unbegrenzte Selbsterneuerung – unbegrenztes Zellteilungspotenzial.

Während der Zellteilung verändert die embryonale Stammzelle bedarfsgerecht ihren Charakter und verwandelt sich in andere Zelltypen wie Haut, Herz, Nerven, Knochen ... solange, bis die korrekte Form der Gewebe und Organe erreicht ist.

Jede Zelle, jedes Gewebe, jedes Organ funktioniert schon während seiner Entstehung. Zellen sind Energiewesen, flüssigkristalline Materialisierungen eines morphischen Feldes. Nur das Erscheinungsbild ändert sich während der Entwicklung, nicht das Wesen.

Die Form ist uns ein Geheimnis, weil sie Ausdruck von geheimnisvollen Kräften ist. Nur durch sie ahnen wir die geheimen Kräfte, den unsichtbaren Gott, so August Macke in *Die Masken* 1914.

Die Geburt kann als Verlust der Ursphäre aufgefasst werden. Alle Sphären leben auf ihr Zerplatzen zu, wie der Philosoph P. Sloterdijk erkannte. Mit der Geburt wird das Form gewordene Leben an die Küste härterer Tatsachen gespült, formuliert er.[10]

---

[10] Sphären I, Sloterdijk, Paul, Suhrkamp

Aufgrund der *Beschädigung der Mütter* ist die Geburt heute für Mutter und Kind oft ein Trauma. Durch erst teilweise verstandene Einflüsse der Umwelt, des Verhaltens und der Technozivilisation auf die Epigenomik der Mutter und des Embryos, haben sich die hydraulischen, anatomischen und zellulären Umstände verschoben, die früher eine relativ glückliche Geburt ohne zu große Gefahren erlaubten. Heute nehmen die Inkompatibilitäten zwischen Mutter und Kind oft schon vor der Geburt so zu, dass die Mutter oder der Embryo einander zum Feind werden und somit die Entbindung der Mutter durch den sogenannten *Kaiserschnitt* erfolgen muss, was de facto für Mutter und Kind keine Geburt ist, sondern im wahrsten Sinne des Wortes eine *Entbindung*. Es fehlt die aktiv veranlasste und embryonal-maternal autonom eingeleitete und so empfundene *Enthüllung*. Vielmehr ist es ein in Narkose durchgeführter technokratischer Akt, der Mutter und Kind den Durchgang durch den Geburtskanal in die Außenwelt stiehlt – mit nicht unerheblichen endokrinen, psychologischen und epigenetischen Folgen für Mutter und Kind. Die epigentisch bedeutsame Methylierung ist nach einer Sectio bei Mutter und Kind deutlich verändert und *normalisiert* sich nach einer Mitteilung von Prof. Stähler *erst Wochen nach der Geburt*. Es handelt sich um einen so nicht von der Natur vorgesehenen Milieuwechsel. Wenn man Kinder und Mütter nach einem Kaiserschnitt beobachtet, vermittelten sie in den Stunden und Tagen danach den Eindruck, als seien sie ebenso erschreckt wie überrascht und wären dankbar, die Schwangerschaft widerrufen zu können. Für die Telomere, auch der Mutter, und das prolactinerge und dopaminerge System, ein Desaster: Die Sphären bleiben ständig von ihrer unvermeidlichen Instabilität beunruhigt. Sie streben auch ohnehin nach Vereinigung mit anderen Sphären, die sich dann gegenseitig enthalten und ausgrenzen. Die politische Sphäre ist das Ergebnis von Gruppenwahn und Ausgrenzung und taumelt daher von einem Faschismus in den nächsten.

Die Unterwerfung des Raumes und der anderen mithilfe von Propaganda und Kriegen

Wozu sind Kriege gut? *Um aus Anarchisten stationäre Verbrecher zu schaffen* (frei zitiert nach Ian Morris).
Oder nach Franz Grillparzer, am Vorabend des Ersten Weltkrieges: *Von der Migration über die Territorialität und Imperialität zur Bestialität.*

Die Liaison der Sphären

Dagegen löst der Anblick des Schönen einen Erinnerungsschock aus und Begehren. Der Ergänzungszauber beginnt zu wirken: Verführen und verführt werden. Ein Lust-Ich wird erkannt von einem anderen, es fühlt sich angesprochen, bestätigt und begehrt – geistig, seelisch oder körperlich. Lust ist sexuelle Energie auf der Suche nach einem Ziel. Es genügt zur Verführung von der Energie fremder Lust gestreift zu werden; diese wirkt wie ein Kompliment, das entweder angenommen wird oder nicht.

Das Spiel der Verführung hat begonnen. Eine Eroberung schafft eine neue erotische Realität, weshalb dauerhafte Monogamie eine Illusion ist. Frei zitiert nach U. Clement, dem bekannten Paartherapeuten: *Das AMEFI-Prinzip versagt. AMEFI* ist ein Kunstwort, entstanden aus den Anfangs-Buchstaben der Sentenz *Alles mit Einem für Immer.* Es kommt immer wieder zur Trennungskatastrophe und dann wieder zum Streben nach Wiederherstellung. Oder wie der Philosoph Heidegger sagte: *Im Dasein liegt eine wesenhafte Tendenz auf Nähe* (Heidegger in *Die Lehre vom existenziellen Ort*). Nachdem er seine Geliebte Hannah Arendt erst erkannt und dann fast zu Tode ignoriert hatte, um seine bürgerliche Reputation zu erhalten, schrieb sie ihm Jahre später in der für sie typischen Noblesse: *Ich bin dir treu und untreu gewesen – und beides in Liebe.*

Es gibt Lebewesen, die finden beim Sexualakt den Tod. Vielleicht brachte dies S. Freud auf die Idee, Liebe und Tod in Beziehung zu setzen: Der Tod als Entgrenzung und Freisetzung.
Doch davor stehen das Leben und das Erkennen: Anblicke, Einblicke, Pheromone

Pheromone
Pheromone sind wandernde molekulare Botschaften, die von einem Rezeptor empfangen und an einen Resonator weitergeleitet werden. Durch Pheromone sendet unser limbisches System Botschaften an limbische Systeme anderer Menschen dieser Welt. *Pheromon* kommt aus dem Griechischen und bedeutet *Träger der Erregung.*
Es sind in unseren Zellen gebildete Duftstoffe, die Botschaften versenden und nach dem Empfang in einem eigenen Sinnesorgan, dem *vomeronasalen Organ* (VO) zunächst über die Nase an den limbischen Kortex des Gehirnes weitergegeben werden. Dort wird nicht einfach eine sexuelle Erregung hervorgerufen oder unterdrückt, nach dem Motto: *Du riechst so gut* oder *ich kann dich nicht riechen.*

Die Eindrücke sind komplexer, dazu später mehr.

Das *vomeronasale Organ* befindet sich direkt hinter den Nasenlöchern und ist tausendmal (!) empfindlicher als unser sonstiger Geruchssinn.

Es wurde zwar schon vor 300 Jahren entdeckt, trotzdem ist es selbst Medizinern meist gänzlich unbekannt. Bei Operationen wird es oft bedenkenlos weggeschnitten, ähnlich wie die Klitoris in einigen afrikanischen Ländern. Schon kleinste Mengen an Pheromonen lösen in Sekundenbruchteilen einen Reiz im Gehirn aus, der die Gefühle beeinflusst und die immunologische Kompatibilität, die wir anderen Personen entgegenbringen, interpersonell steuert.

Der limbische Kortex, einer der ältesten Anteile unseres Gehirns, der mit den anderen Anteilen des Gehirns kommuniziert, wertet Gefühle aus. Er ist aber auch jene Region unseres Gehirns, wo Gefühle nicht nur ausgewertet werden, sondern auch entstehen und mit den Gedanken und Absichten kombiniert werden. Der limbische Kortex hat dazu verschiedene Signalwege zur Verfügung, z. B. die Hypophyse, die dann über Releasing-Faktoren hormonelle Botschaften innerhalb des Körpers versenden kann.

Die Pheromone sind jedoch Botenstoffe anderer Art. Sie können die Zellen verlassen und über das

Riechorgan eines anderen Individuums Hirnwellen, Gefühle und eine Hormonproduktion auslösen. Durch Einnahme antikonzeptiver Hormone wird die Geruchswahrnehmungsfähigkeit für feminine Pheromone beim Mann und androgener bei der Frau gestört, was die Wahl eines geeigneten Partners beeinträchtigt.

Herrschaft und Macht der Düfte

Die subtile Signatur der Düfte erlaubt es, Aufmerksamkeit zu erregen, zu verführen, zu betören, Gefühle und Gedanken hervorzurufen, Vertrauen zu erzeugen. Aber da gibt es auch die Geruchskeule. Was wollen Menschen sagen, die unser Geruchsorgan durch einen mittleren Gasangriff beleidigen? Sie wünschen Aufmerksamkeit und sofortige Unterwerfung ohne Gegenleistung. Diese Gerüchte signalisieren Ausbeutung. Da kann man nur sagen: *Wenn die Chemie nicht stimmt, ist der Teufel los.*

Dann gibt es noch das *Androstenol* bei der Frau. Es macht Menschen beiderlei Geschlechts offener und zugänglicher. Es gibt Parfums, die diese Pheromone enthalten.

Pheromone sind zelluläre Kommunikatoren: Kürzlich ist es erstmals gelungen, einen Sexuallockstoff aus Algen zu isolieren. Deren Paarungsbereitschaft hängt von der Größe der Zellen ab. Wenn eine

Größe von ca. 50 Mikrometern unterschritten wird, differenzieren sich die sonst nicht zu unterscheidenden Zellen in zwei Paarungstypen, die man mit den Geschlechtern höherer Organismen vergleichen kann! Bringt man Zellen der unterschiedlichen Paarungstypen zusammen, kann durch mikroskopische Verhaltensanalysen zwischen anlockenden (verführenden) und angelockten (verführten) Zellen unterschieden werden. Die mobilen Zellen des einen Paarungstyps gleiten durch Sekretion eines gelatinösen Materials zielgerichtet auf den Partner zu. Ist das nicht wunderbar? Interessanterweise wirkte auch das Medium, in dem die anlockenden Zellen gehalten wurden, auf den Paarungspartner attraktiv.

Die Entstehung der Pheromone ist ein komplexer zellulär gesteuerter Prozess. Bemerkenswerterweise enthalten die Pheromone kleine Moleküle, die auch epigenomisch aktiv sind, *Methylbutene* und *Acetyl*-Gruppen. Dies gilt insbesondere für die Substanzklasse der *Copuline*, die Basismoleküle einer Beziehung.

Liebe als Versuch der Wiederherstellung einer verlorenen Einheit

Wären da nicht die Gene. Ein Gen kann mehrere Aufgaben wahrnehmen und durch die Epigenese gesteuert werden.

Epigenese ist die Regulation der Genexpression innerhalb und außerhalb der Gene. Gregor Mendel glaubte noch an den *Monismus der Gene*. Tatsächlich sind diese nicht einmal die alleinigen oder Hauptverantwortlichen der Vererbung von Formen, Funktionen und Eigenschaften. Diese kann nicht nur in Bakterien, sondern auch in menschlichen Zellen ohne Gene erfolgen: extrachromosomal.

Das hat erhebliche Auswirkungen auf die Mikro- und Makro-Evolution: Die Zelle ist ein flüssiger, dreidimensionaler Computer, der sich in Zwiesprache mit Molekülen, elektrischen Feldern, Photonen, Elektronen, dem Cytosol und den Organellen (z. B. den Mitochondrien) selbst programmieren kann. Und da wagen es einige molekulare Manipulatoren, diesem Ergebnis einer jahrmillionenalten Evolution einfach so mal einen weiteren Satz von fremden Mitochondrien zuzumuten, was in England von den Behörden inzwischen erlaubt wurde. Das wird als Heilung von mitochondrial bedingten Erbkrankheiten demnächst sicher angewandt.

Die Eugeniker sind nicht gestorben. In ihnen verbindet sich der digitale Narzissmus mit der Pathophysik der Systeme zu einer Spirale des Schlimmeren: Nicht einmal mehr eine einzige Nacht und alles ist vorbei, nein, eine einzige gewaltige Penetration des Ovums mit der Pipette genügt und der klonale Steckling ist erzeugt. Das Ende der Individualität.

Das Epigenom steht auch unter der Kontrolle der Ketonkörper der extrazellulären Matrix. Deswegen ist die Belästigung des Trophoblasten vor der artifiziellen Nidation eine gefährliche, latent karzinogene Zumutung, wie sich im Laufe des Lebens so erzeugter Wesen noch herausstellen wird.

Die artifizielle Zeugung macht aus der geordneten Sprache der Epigenomik ein stochastisches Lallen. Die Feinsteuerung der Epigenomik geht durch die mechanischen und stofflichen Attacken verloren. Die Feinsteuerung der Epigenomik und damit der Epigenese und Embryogenese erfolgt, soweit bisher bekannt, über Methyl- und Acetylgruppen, die jeweils an der Promotorregion von Onkogenen und Tumorsuppressorgenen über den An/Aus-Zustand dieser wachen, wie die Nornen in der Mythologie – in Abhängigkeit von den essenziellen Aminosäuren Methionin und Threonin; aus Threonin wird Glycin und

Actyl-CoA, aus Methionin S-Adenosylmethionin. Aus Lysin und Zink werden sogenannte *Zinkfingerproteine*, die für die vorübergehende und stets volatile Stabilität der alten und neuen Formen und Strukturen der Zelle sorgen. Methylasen, Acetylasen und Transferasen helfen dabei. Sie sind energieabhängig.

Der freie Fluss der Elektronen und Protonen in der mitochondrialen Atmungskette des mütterlichen Ovums und seiner späteren Trophoblasten-Matrix sollte zur Wahrung der Menschenwürde unter Schutz der Verfassung und des Heiligen und Transzendenten gestellt werden. Alles andere ist Zell- oder Körperverletzung. Statt dessen ist die embryonale Zelle Spielball der Beliebigkeit und Begehrlichkeit, begleitet vom unfähigen Bemühen der Gesetzgeber und sich selbstermächtigender sogenannter *Ethik-Kommissionen*. Hier werden Defekte für Jahrzehnte erzeugt, die auch noch vererbt werden können.

Es sei hier prognostiziert: So erscheint die künstliche Befruchtung immer mehr wie ein Bestandteil des Transhumanismus, nach dessen Lehre der erweiterte Mensch mit Maschinen zu Mensch-Maschine-Kombinationen verschmilzt, die von Gewalt und Sex befreit in der Lage sein werden, sich selbst zu reproduzieren ... was dann selbstverständlich kontrolliert werden muss, von einer obersten Reproduktionsbehörde. Die Beschlagnahmung der individuellen genetischen Beratung durch die Akademie der Wissenschaften wird ja schon vorbereitet.

Der erweiterte Mensch wird notwendigerweise Produkt eines Polizei- und Überwachungsstaates sein. Seine Zellen und sein Körper werden ebenso wie sein Gehirn mit elektromagnetischen Technologien überwacht, manipuliert und kontrolliert werden. Lebenslänglich, wenn man das noch Leben nennen kann.

Das Ovum – Das Prinzip *Ei*

Als einzige Zelle vermag das Ei auch außerhalb seines Organismus, welches ihn hervorbringt, zu überleben. Die Entscheidung des Eies der Frau, einem Spermium den Zutritt zu gewähren, es eindringen zu lassen, wird bei der künstlichen Befruchtung durch Mikroskope, Pipetten und den technischen Willen ersetzt. Das erinnert an die Tötung und Vergewaltigung von Menschen durch Drohnen. Man bewirbt diesen Vorgang unter der Bezeichnung *Wunschkind*. Das so technisch erzeugte Kind ist nicht mehr das Bild der Eltern bei der Zeugung.

Die wenigsten Mütter denken an die Perspektive des Kindes bei Mitteilung der anonymen Vaterschaft: *Mein Leben war plötzlich weg*

Dem Diktat der Fruchtbarkeit wird die Seele geopfert; in folgender Reihenfolge:

- Die Beschädigung der Mutter: die Aufgabe der Mutterschaft.
- Das Verschwinden des Vaters, der Väter: das Ende der Familie.

Von der Beschädigung des kreierten Wunschkindes und seiner Benachteiligung auf epigenetischer Ebene ist auch kaum die Rede. Bei der mechanischen Injektion des Spermiums in das schon vorher durch aggressive Hormonbäder in seiner natürlichen Epigenomik veränderte Ovum wirken keine sanften enzymatischen Kräfte an der Zellmembran, sondern mechanische Implosionen, die die weitere Vergewaltigung des maternalen Apparates auslösen. Das Epigenom der mütterlichen Zelle wird sozusagen mit dem Hammer begrüßt und breitgeklopft. Von schonender Integration des maternalen und paternalen Apparates kann nicht die Rede sein noch von schonender und kreativer Demethylierung, Deacetylierung und sich dann anschließend in kreativer Gelassenheit ablaufender Remethylierung und

Acetylierung. Das ist wie Kriegführung gegen noch nicht Geborene, ein ganz neuer Tatbestand, der bisher der Bewertung medizinjuristischer Fachkreise entgangen ist.

Nach diesem barbarischen Gewaltakt, der einer Vergewaltigung gleichkommt, wird dann wenige Tage später der nach einigen Zellteilungen des so kreierten Embryos entstandene Trophoblast *aufgehämmert*, um das Konstrukt für die Nidation in die sogenannte Mutter oder Leihmutter vorzubereiten. Die Barbarei geht also weiter, frei nach dem Motto: *Nicht das Böse fürchte ich, sondern die Spirale des Schlimmeren.* Von Umhüllung oder embryonaler Ruhe kann nicht die Rede sein.

Wer wie Onkologen und Gynäkologen um die prekäre Kommunikation der Zellen mit ihrer extrazellulären Matrix weiß oder wissen sollte, der weiß, dass diese Zwiesprache Krebs vermeidet oder im Falle des Scheiterns Krebs auslöst und ist entsetzt, dass diese veterinärmedizinischen Methoden der Befruchtung als zumutbar und genehmigungsfähig betrachtet wurden und werden.

Das Phänomen Ovum ermöglicht die Universalität in der Ontogenese der geschlechtlich fortgepflanzten Lebewesen. Das Ei ist zurecht ein Mythos – vom Kleinlebewesen über das Osterei bis hin zum Menschen.

Geburt und Leben bedeutet also von innen kommen, nach dem Platzen der Umhüllung in eine neue Sphäre geworfen zu werden.

Das Besondere des *Ovum humanum* ist seine Verinnerlichung: Das hat so revolutionäre Organschöpfungen zur Voraussetzung wie Uterus und Plazenta sowie die Kombination und Balancierung von zunächst epithelialer, mesenchymaler und dann mesenchymal-epithelialer Transition. Dies erklärt die Plastizität der Embryogenese einerseits, ihre Anfälligkeit und Verbindung mit der Karzinogenese andererseits:

Krebs als Trittbrettfahrer der Evolution. Er wird nach einer Störung der Epigenese durch eine epithelial-mesenchymale Transition verursacht. Es gehen dann unsterbliche Stammzellen auf Wanderschaft und besiedeln, ohne den Innenraum verlassen zu können, also ohne geboren zu werden, den Wirtsorganismus, um ihn von innen heraus zu zerstören.

Darf der Mensch mit der Zelle würfeln? Darf er das Epigenom verändern? Wird er damit zum Mitschöpfer? Darf er in die Speichen der Evolution eingreifen, sich selbst dazu ermächtigen, ohne ermächtigt zu sein, die Zelle, das Leben zu verändern, zu versklaven, zu industrialisieren, seinen Begehrlichkeiten zu unterwerfen?

Wir stehen an der Schwelle zu einer Eugenomik und Epigenomik, die rasch in die Abgründe der Euthanasie für Zellen führt. Beobachtet man die Casino-Mentalität einiger Stammzellforscher, so fehlen einem die Worte der Verachtung für diese Mischung aus Spekulation, wissenschaftlichem Ehrgeiz und abgrundtiefer Respektlosigkeit vor dem Leben. Einige davon sind schlicht kriminelle Fälscher, denen das Handwerk gelegt werden muss. Sie arbeiten an der Sackgasse der Evolution und an der Enteignung der Zelle. Sie greifen in Epigenomik und Epigenese ein.

Die Genexpression ist variabel

Ernährung, Stoffwechsel und Lebensstil, ja auch das Denken greifen in die Acetylierung und Methylierung der Eiweiße der Chromosomen ein und bestimmen darüber, welche Gene tätig werden und welche nicht, welche Zellen regeneriert werden und welche nicht, welche Zellen absterben oder welche Zellen zu Tumorstammzellen werden. Entscheidend sind die Methylierung und die Acetylierung des Genoms.

Die Gene stehen in Zwiesprache mit dem Nervensystem und der Umwelt. Zu Störungen des epigenomischen Profils kommt es nicht nur in der menschlichen Zelle, sondern auch in der pflanzlichen und in der tierischen, insbesondere nach dem

Einsatz von Insektiziden und Herbiziden. Das weltweit eingesetzte *Glyphosat* wird von den Zellen zu *Aminomethylphosphonsäure* abgebaut. Diese ist eines der aggressivsten Methylierungsmittel. Sie hat eine Halbwertzeit, also eine hälftige Verweildauer in den Zellen, von 3 – 250 Tagen. Es wird den pflanzlichen Zellen unter Einsatz von Tallowamin, einem aus Tierkadavern gewonnenen Tensid, aufgezwungen, indem dieses Tensid die Zellmembranen durchlöchert und penetriert. Dies führt dazu, dass die Exekutoren der Epigenomik, nämlich die *mRNA* vom *Golgi-Apparat* anders sezerniert werden und in anderer Qualität und Quantität in der Blutbahn zirkulieren. Treffen Sie dabei auf Medikamente und Impfstoffe, entsteht ein für die Zellregulation tödlicher Cocktail: Es kommt zur Dysregulation von Genen, zur Störung zellulärer Signalketten und des Hormonhaushaltes. Es kommt zu einer Störung des zelldifferenzierenden Potenzials, welches sich in Jahrmillionen der Evolution herausgebildet hatte und im Endergebnis zu einer Störung oder sogar dem Ausfall der Regulation der epithelial-mesenchymalen Transition.

Das kann auch bei der künstlichen Insemination geschehen. Liebe ist da nicht mehr die Vereinigung der Sphären; es wird nicht mehr der Ergänzungszauber durch einen Menschenkörper erlebt.

Verlegt man die Insemination des Ovums nach außen, wird auf den Phallus verzichtet, auch auf einen Teil der Mutterschaft. Kommt noch der Verzicht auf den Geburtsvorgang hinzu, fehlt die physiologische Begegnung mit der Enthüllung, gehen die Wurzeln der Weisheitsbäume verloren. Es wird nicht mehr zu den Müttern hinabgestiegen, um in ihnen etwas zu finden, was man *Erkenntnis* nennen kann. Der Tod kann auch nicht mehr zum Königsweg der Erkenntnis werden, zum Übergang in die friedliche Auflösung und Entgrenzung der Form. Es kommt zu Totgeburten, Anencephalie, Absterben aquatischer Organismen und von Insekten, zur Apoptose und Nekrose in menschlichen Nabelschnurzellen, embryonalen Zellen und Plazentazellen. Durch die geplanten Freihandelsabkommen werden sich diese tödlichen Zellgifte noch ungehinderter in der globalen Nahrungskette ausbreiten. Es kommt zur Eugenik der Epigenomik unter billigender Aufsicht der den Einsatz genehmigt habenden Behörden

Lassen Sie sich von den Stammzellforschern also nicht verführen, bleiben sie bei transzendenten Flitterwochen. Sie erleichtern damit die Geburt des Schönen und der Ethik. Schönheit, Ästhetik und Ethik bedingen einander.

Platon, der erste bekannte Psychoanalytiker entdeckte, dass der Anblick von Schönheit einen Schock der

Erinnerung auslöst, indem von einem schönen Menschen eine vormenschliche Perfektionsstrahlung ausgeht. Dieses Erschrecken kann durch Vereinigung vorübergehend geheilt werden.

Prüfen Sie daher vor einem One-Night-Stand, ob ihr Partner schön genug ist, um ihre Hoffnung auf Erlangung der Vollkommenheit nicht zu enttäuschen. Der Morgen danach beschert ihnen sonst Zustände des Objektverlustes und des Schauderns bis hin zum Ekel.

Nein, Spass beiseite, das ist eine Angelegenheit, der mit Ernst begegnet werden sollte. Sich in die Schönheit zu verlieben, von ihr berührt zu werden, bedeutet der Wahrheit zu folgen. Dies ist die Ästhetik der Liebe.

Stattdessen droht die endgültige Enteignung der Zelle durch die künstliche Befruchtung. Begonnen hat sie schon: Jene Zeit, in der sich die gesellschaftliche Legitimation des Koitus auf das Beziehungsmodell *Ehe* beschränkte oder der Akt der Entstehung neuen Lebens personal war, könnte bald gehört der Vergangenheit angehören. Das Ovum und das Spermium sind nicht mehr personal gebunden. Es hallt der Ruf durch die Welt: *Neue Zellen braucht der Mensch!* Dabei hat er seine alten noch gar nicht verstanden.

Nach Freud repräsentiert die menschliche Sexualität den Lebenstrieb *Eros* und wirkt von Geburt an auf die menschliche Psyche und das menschliche Verhalten.

Triebe bedürfen eines auslösenden Reizes. Es muss ein Wunsch entstehen, ein Begehren nach dem Erkennen des Schönen oder einer kompatiblen Seele.

Das Begehren

Es handelt sich um vagabundierende erotische Energie auf dem Wege zum Ziel, auf der Jagd nach einer kompatiblen Seele. Frauen setzen bei der Wahl eines Partners ein Mindestmaß an Intelligenz voraus, was evolutionsbiologisch und anthropologisch ja schon einmal schön an sich ist.

Bei der Suche nach einer neuen erotischen Realität erscheint das weibliche Geschlecht zunächst im Vorteil. Die Frau braucht nur *Ja* zu sagen. Sie braucht *nur* begehrenswert zu sein. Verweigert sie sich jedoch einem werbenden Mann, genügte das im Mittelalter, sich dem Vorwurf auszusetzen, eine Hexe zu sein. Bizarre Geständnisse erpressten die Folterknechte der Kleriker aus den Mündern der Gemarterten, beispielsweise, dass sie mit dem Teufel Unzucht getrieben hätten.

Bamberg war im 17. Jahrhundert ein Zentrum der Hexenverbrennungen, sozusagen ein Holocaust-Zentrum im Mittelalter: Zu Beginn des 17. Jahrhunderts wurden dort binnen 20 Jahren 1000 Menschen, vorwiegend Frauen hingerichtet, jeder 13. Bamberger starb. Das Vermögen der Denunzierten und Ermordeten fiel an die Kirche, die es ebenso wenig restituiert hat wie der moderne Staat die zerstörte Existenzgrundlage der zahlreichen Justizopfer auch nur annähernd adäquat restituiert. Proteste der Fachwelt – hier der Mitglieder der Rechtspflege – sind nicht in nennenswertem Umfang bekannt, weder damals noch heute.

Ein nicht unerheblicher Nebeneffekt des kirchlichen Holocausts an der Weiblichkeit des Mittelalters war die Hinrichtung der mit der Geburtenverhütung vertrauten Hebammen, der *weisen Frauen*. Verhütet werden sollte auf gar keinen Fall, der Souverän benötigte Untertanen zur Verfolgung seiner territorialen Ansprüche. Die darauf folgende Bevölkerungsexplosion der Neuzeit, nach dem Verlust des mittelalterlichen Wissens der Geburtenverhütung durch die Taten der kirchlichen Ideologen, werden bis heute unterschätzt. Nicht umsonst hält der Vatikan seine Hexenakten teilweise bis heute unter Verschluss.

Die Hexenverfolgungen waren die Entdeckung der Biopolitik am Rande des Mittelalters: Kriegszüge,

Raubzüge, Pestzüge hatten den Fürsten das Menschenmaterial zerstört. Menschen waren plötzlich wertvoll und an sich kein Wegwerfartikel mehr. – Den Mächtigen gingen die Menschen aus. Die Schönsten und Fähigsten unter ihnen wurden als Hexen verfolgt: die Hebammen. Sie wussten um die Geheimnisse der Geburtenverhütung und die Feinsteuerung der Fortpflanzung. Sie kannten schon lange vor dem 19. Jahrhundert das Speculum. Was taten die Kleriker also? Geburtenkontrolle wurde zur *Unzucht mit dem Teufel* erklärt. Die Gynäkologie wurde den Frauen entrissen, die Fachfrauen exorziert oder zu Tode gefoltert. Die Folgen: Die Gynäkologie sank auf ein erbärmliches Niveau, wovon sie sich bis heute nicht erholt hat, zumindest in einigen Ländern nicht.

Es fand daraufhin eine Bevölkerungsexplosion statt, die auch noch in die Kolonien exportiert wurde und zum damaligen Turbo-Kapitalismus führte. Wir haben heute acht Milliarden Menschen auf der Erde und die Lage droht außer Kontrolle zu geraten.[11]

Die Folgen der Degradierung der Frauen zu Hexen – sozusagen der Holocaust der Sexualität – für die Stabilität Europas und der Welt können nicht überschätzt werden. Sie prägen die Welt bis heute.

---

[11] 11 Milliarden, Ermott, S, Suhrkamp

Der Hexenwahn war und ist eine religiös motivierte Vergewaltigung der Frau. Die monotheistischen Religionen geben dabei das weibliche Prinzip auf und manipulieren den Eros zur Erlangung universeller männlicher Macht. Es geht darum, sich die feminine Urmacht untertan zu machen, ja, sich anzueignen. Diese weibliche Urmacht widerspricht dem patriarchalischen und phallokratischen Konzept der Transzendenz. Deswegen kommt es zu Hexenjagden und rituellen Vergewaltigungen, letzten Endes der gewaltsame Versuchs, sich von der weiblichen Urmacht unabhängig zu machen. Der Vater verweigert der Mutter ihre Macht, Leben zu gebären, weil er der alleinige Schöpfer sein will.

Es geht den Christen wie den Buddhisten um eine durch den Vater ermöglichte Wiedergeburt und damit um die Überwindung der eigenen Sterblichkeit, die in der phänomenalen Welt der Frau implizit gegenwärtig ist.

Die Historiker scheinen nach ihrer Sozialisierung, Politisierung und sonstigen Ausbildung unfähig zu sein, eine Weltgeschichte der Vergangenheit oder der erweiterten Gegenwart zu schreiben, unter Einbeziehung der Wissenschaften von der Verhaltensweise des Menschen, sei es aus Furcht gegenüber anderen Fachgebieten oder aus Mangel an gegenwartsdiagnostischem Urteilsvermögen.

Diese noch zu schreibende Geschichtsanalyse hätte im Kern mit Globalisierung zu tun, dem Umgang des Menschen mit der Macht und mit sich selbst und mit dem Überlebenskampf immer größer werdender Menschenmassen und dem damit verbundenen Klimawandel.

Man werfe nur mal einen Blick auf die zweite Hälfte des 20. Jahrhunderts. Sie war eine Zeit ansteigender Mobilität der Menschen. Diese erhielt zusätzliche Schubkraft durch ein ungewöhnliches Bevölkerungswachstum, das bis heute in vielen Teilen der Welt anhält und das Klima zunehmend mit beeinflusst. Die Natur lässt sich die stattgefundene monströse Geburtenexplosion und den damit verbundenen Klimawandel nicht länger gefallen. Sie schlägt massiv zurück durch Klimakatastrophen nie da gewesenen Ausmasses und erreicht damit nun wieder eine Reduktion des Menschenmaterials, verbunden mit einer zunehmenden Unfruchtbarkeit sowohl der Männer als auch der Frauen. In den sogenannten *zivilisierten Ländern* verläuft inzwischen jede zweite Geburt ungewöhnlich dramatisch und nicht mehr natürlich. Eine Vergewaltigung der Zelle ist hier nicht die Lösung. Sie zerstört letzten Endes jedes Leben. Es kommt die Digitalisierung fast aller Lebensbereiche hinzu, die inzwischen eine Penetrationskraft, Akzeptanz und Unverschämtheit erreicht hat, welche die Welt keineswegs immer offener und freizügiger sein lässt.

Der menschliche Körper wird zunehmend digitalisiert, teilweise werden schon vorgeburtliche DNA-Analysen durchgeführt, um Chancen zu verteilen. Wir benötigen also neben einer *Ethik der Information* auch eine *Ethik der Sorge* um den anderen und eine *Ethik der Überwachung*. Schwierig ist, dass fast alle Produktions- und Migrationsabläufe heute digitalisiert und überwacht werden. Schon ruft man nach einer Überwachung der Mittelmeeranrainer und ihrer Flüchtlinge durch Drohnen. Somit gerät der Nationalstaat ebenso wie das Individuum, das in ihm lebt oder zwischen Nationalstaaten migriert, in eine tiefe Existenzkrise. Obwohl der Mensch zunehmend von Produktionsprozessen und damit von einer geregelten Einnahme ausgeschlossen wird, ist er wegen der Auflösung der Nationalstaaten und der Frivolitäten und Senilitäten der letzten Imperien zunehmend gezwungen, individuelle Lösungen oder Pseudolösungen für gesellschaftlich, technologisch und klimatisch verursachte Probleme zu schaffen.

Man darf hier ohne Übertreibung sagen, dass die Krise der Organe und Institutionen, die die menschlichen Belange vertreten sollten, das augenfälligste Problem des 21. Jahrhunderts ist. Vielleicht schätzen auch deswegen so viele Menschen die Digitalisierung sozialer Netzwerke, weil dies die einzige soziale Welt ist, die sie haben, die sie kennen und in der sie sich ein wenig heimisch fühlen dürfen.

Den Technologen und Technokraten darf man ins Stammbuch schreiben, was der Historiker – also auch auf diese kann man nicht ganz verzichten – Tony Judt gesagt hat: *Und wenn wir sonst nichts aus dem 20. Jahrhundert gelernt haben, sollten wir zumindest begreifen, dass die angeblich perfekten Lösungen die furchtbarsten Konsequenzen hervorbringen. Die schrittweise Verbesserung unbefriedigender Zustände ist das Beste, was wir uns erhoffen können und anstreben sollten.* Mit anderen Worten: Die Geschichte lehrt uns Demut und rät uns zur Mäßigung und zum Verzicht auf Selbstermächtigung. Und er sagte kurz vor seinem Tode noch etwas zu der Frage, ob er ein Abgleiten in den Totalitarismus befürchte. Seine Antwort war, das tue er nicht, aber er beobachte aktuell einen Verlust der Überzeugung, ein Schwinden des Glaubens an die offene demokratische Gesellschaft, ein Gefühl der Resignation. Er glaube allerdings auch, dass wir in den nächsten 15 Jahren eine Rückkehr des politischen Engagements erleben werden, dass sich junge Leute organisieren und ihrer Empörung über die politische Stagnation der vergangenen 25 Jahre Ausdruck verleihen werden. Also sei er gegenwärtig pessimistisch, auf mittlere Sicht jedoch optimistisch.

Im Grunde geht es um die Modalitäten des Erkennens, Begehrens und Zusammenkommens. Die Unverbindlichste und dennoch intimste Form ist der One-Night-Stand: Der Begriff kommt ursprünglich aus der Theaterbranche und bedeutet *einmaliges Gastspiel*. Heutzutage ist damit eine sexuelle Kurzbeziehung gemeint, die nur eine Nacht oder sogar noch kürzer andauert, oft zwischen einander nicht näher bekannten Personen und ohne die Absicht, eine längere emotionale Beziehung einzugehen. Doch ist zweifelhaft, ob der One-Night-Stand den Interessen der Frauen und der Männer nützt, denn worum geht es? Um die Suche, Bestätigung und Vermeidung des Alleinseins. Oft können das die Partner längerer Beziehungen nicht mehr leisten: Monogamie als Gefängnis der Lust und als Grab der Sehnsüchte. Heute wird dagegen die *Polyamorie* eingesetzt (mit wechselndem Erfolg), denn die Sehnsucht nach Abhängigkeit, das Bedürfnis gebettet und beschützt zu werden, sind stark.

Es geht auch um die Befriedigung der Grundbedürfnisse: Sex, Nahrung, Schlaf, Geborgenheit,
Glück. Dazu bedarf es einer geeigneten Dosis von
dopaminergen Neurotransmitter-Impulsen im Bereich des Nucleus praeopticus medialis des Hypo-
thalamus. Mit dem AMEFI-Prinzip ist das kaum
vereinbar: *Alles mit einem für Immer.*

Sobald sich beide Kommunikationspartner über das
Ziel der sexuellen Kommunikation verbal oder
non-verbal einig sind, bedarf es noch einer Örtlich-
keit, um eine intime Situation zu schaffen, in der
sich die Beteiligten begegnen können, um vordergründig ihre Libido abzuleiten.

Unabhängig davon, ob die Betroffenen die gesamte
Nacht miteinander verbringen oder vorher ausei-
nandergehen, gestaltet sich die weitere Kommunikation eher minimalistisch oder ist abwesend.

Der One-Night-Stand kann eine Begegnung mit
dem Orgasmus sein, ein Schöpfungsakt, der eine
erotische Realität schafft, die es erlaubt, aus sich
selbst herauszutreten und die Realität des Alltages
und gegebenenfalls eines anderen Partners vorübergehend zu verlassen, um angesichts des Orgasmus Augenblicke der Unsterblichkeit zu erleben –
ohne die Verpflichtung zur Liebe.

Der Morgen oder die Zeit danach, wenn der Sexus
als Auslöser der Vereinigung abklingt und die eroti-

*sche Realität der sonstigen weicht, entscheidet sich
die weitere Entwicklung der Kurzbeziehung. Ist das
erotische Ich danach frei und leicht oder empfindet
es gar Ekel und Scham? Denn der Orgasmus ver-
deckt keine seelische Niederlage. Will das erotische
Ich in den Alltag des Gegenübers eintauchen oder
auf Distanz bleiben? Hierdurch entscheidet sich, ob
es eine Fortsetzung der Beziehung gibt oder nicht.
Dabei entscheidet das Ich nicht in erster Linie über
den anderen, sondern zuerst über sich selbst: ob es
sich in dem, was zuvor geschah, wiedererkennt
oder nicht, das Engagement zurückgenommen wird
oder sogar die Flucht angetreten wird.*

Neben der Theorie der Triebe sollte man nicht ver-
gessen, dass der Mensch auf der Suche nach Vollkommenheit ist. Manchmal endet die Suche nach
Vollkommenheit in Beklommenheit.

Im Moment der Vereinigung mit dem Partner kann
er sich im Zentrum der Welt fühlen, aus sich he-
raustreten und in dessen gestaltbildendes Feld eintauchen, den Hauch des morphischen Feldes im
unendlichen Nichts spüren.

Wer verliebt ist, wird verführt: Da Wahrheit und
Schönheit schon vor ihrer Erkennung existieren,
muss nur daran erinnert werden.

Erkennt ein Mensch die Schönheit und verschmilzt
er mit dieser, ist er glücklich. Wird eine Verschmel-

zung nachträglich als falsche Verschenkung emp-
funden, löst dies Scham aus; denn der andere, dem
man seinen Körper hingab, besaß ihn für mehrere
Stunden. *So wie ich dem anderen erscheine, bin ich
dann – er besitzt nun das Geheimnis dessen, was
ich bin.* Durch die sofortige Beendigung der Beziehung soll die nochmalige Wahrnehmung in den
Augen des anderen beendet werden, da weitere
Wechselwirkungen von der Seele nicht mehr ge-
wünscht werden.

*Der Verliebte dagegen schafft wie ein Gott den
Gegenstand seiner Liebe* (Platon, 7).

Der Verliebte ist ein sich selbst überlassener Gott.
Die Lösung kommt nicht von außen. Erlösung bietet nur etwas, was auch Quelle des Leides ist. Letz-
ter Grund des Leides ist in der Mythologie *die
Frau.*

Der Verliebte lebt in der Umklammerung gegen-
sätzlicher Kräfte, er genießt, dass die Person des
anderen Wesens ihn vor dem Abgrund bewahrt und
die Beschränkungen des eigenen Lebens auflöst,
aber er hat auch Angst, denn hinter den Augenbli-
cken der Unsterblichkeit lauert wieder die Endlichkeit.

Und so sind wir gefangene Ergänzer auf der Jagd
nach der Vollkommenheit und Lust. Es gibt kein

Wesen, das so verletzbar ist wie der Mensch und so häufig den anderen verletzt.

Die meisten Menschen wollen nicht verführt werden, sie ziehen es vor, geliebt zu werden. Als Liebesbeweis verlangen sie Gefühl, Lust oder Domestikation. Vielleicht muss man die Liebe aus Angst vor der Verführung erzwingen, zweifellos aber muss man lieben, um nicht mehr verführen zu müssen.

Aber es gibt etwas in der Frau und in der Zelle, das man nicht besitzen kann oder besitzen darf. Was uns bei der Liebe am stärksten beschäftigt, ist das Rätsel des anderen Geschlechts. Alle körperlichen Vereinigungen sind darauf ausgerichtet, sich der Fremdheit und dem Rätsel des anderen Geschlechts anzunähern und es zu vereinnahmen, ein unerfüllbarer Traum.

Die bisherige Analyse leidet darunter, dass sich die Sozial- und Geisteswissenschaften aus der Analyse erotischer Phänomene heraushalten. Im sexuellen Akt verlässt der Mensch den Alltag und taucht in eine neue erotische Realität ein. Das weibliche Verlangen ist dabei genauso lustgesteuert, wie das des Mannes. Frauen gelten nur kulturell bedingt als Verbündete der Monogamie, doch stellt sich in monogamen Beziehungen bei nicht wenigen Frauen oder Männern nach einiger Zeit Unlust auf den vertrauten Partner ein. Das niedere Reich der Hormone spielt dabei eine untergeordnete Rolle. Das eigentliche Lustzentrum sind die neuronalen Zellen des Gehirns, die mit dem Dopamin, dem Molekül des Verlangens, korrespondieren. Damit sich die Erregung durch das Dopamin auf ein Objekt richtet und nicht zu einem Sturz in lediglich gesteigerte Wahrnehmung führt, muss es in Balance zu anderen Neurotransmittern, insbesondere dem Serotonin treten. Dieses erlaubt die Planung und Selbstkontrolle in Hinblick auf das Objekt der Begierde. Hinzu kommt die Freisetzung von Opioiden: Sie dämpfen die Motivation, bereiten das Gehirn aber auch darauf vor, erneut angeregt zu werden. Sexuelle Höhepunkte dämpfen das Gehirn, konditionieren es aber auch darauf, nach weiteren neuen Höhepunkten zu streben und Unlust zu vermeiden.

Die individuelle Seele ist auf den Körper zentriert. Sie gibt ihm seine Form und ist sein Aktionszentrum. Sie breitet sich um ihn herum aus, aber hat auch einen Brennpunkt. Seelen sind wie Körper individualisiert – im Gegensatz zu Klonen. Typisch für Körper ist, dass keine zwei Körper zur selben Zeit den gleichen Raum einnehmen können.

Das gilt aber nicht für Felder. Verschiedene Felder können denselben Raum zur selben Zeit einnehmen, sie können einander durchdringen; im Orgasmus verschmelzen sie für kurze Zeit: Er ist das Schmelzmittel, danach kehren die Seelen und ihre Körper wieder in die Realität und den Raum der Dialektik zurück, den Raum der individuellen Verantwortung und der Geschichte:

Beim One-Night-Stand ist die Liebe trotz gegenseitiger Verführung abwesend. Dies bedeutet für das Weibliche eine Falle: Statt eines dialektischen Verhältnisses des Austausches von Sex und Liebe, haben wir heute ein Produktionsverhältnis, das zum Exzess übergeht. Die ausgleichende Dialektik ist verschwunden, Schönheit und Zärtlichkeit haben sich verabschiedet, das Phantasma der Produktivität breitet sich aus und zerstört alle Illusionen und Beziehungen. Nun haben sich diese Kräfte auch noch die Produktion der Kinder und des Lebens vorgenommen.

Dabei gibt es eine Komplizenschaft mit dem Feminismus und dem Genderismus. Dieser imitiert die Phallokratie. Es wird eine Logistik des Genusses aufgebaut: Es geht um Produktion, nicht mehr um Sublimation. Tatsächlich kommen Genuss und Liebe abhanden.

Hypersexualisierung ist Deindividualisierung und zerstört den Sexus ebenso wie die Liebe, denn die Frau ist der Traum des Mannes. Erst durch die Begegnung mit der Liebe erwacht sie aus dem Traum. Die Frau ist von Natur aus mit aller Verführung begabt. Sobald sich die Frau ohne Liebe nur dem Sex hingegeben hat, ist es zu Ende, ist der Traum tot. Eine einzige Nacht und alles ist vorbei. Körperlich mag es gut gewesen sein: multiple Orgasmen, eine neue erotische Realität; der Verführer fühlt sich bestätigt, bei der Verführten überwiegt das Gefühl benutzt worden zu sein; nach dem puren Sex kommt der Ekel, eine Niederlage für die Seele. Es bleibt dann nur der Narzissmus und am Ende findet Fortpflanzung durch Insemination und Klonierung statt. Was folgt, ist die Reproduktion des immer Gleichen, was der Anfang vom Ende ist: menschliche Stammzellen als Stecklinge und simulierte Unsterblichkeit als Exorzismus des Sexus und der Liebe. Sex und Seele als *remedium humanum* verschwinden. Im Ergebnis können die Sinnlosigkeit und Einsamkeit des Lebens nicht mehr überwunden werden und *das ewig Weibliche zieht uns nicht mehr hinan* (Goethe).

Wenn am Beginn des Lebens nicht mehr der Sexus und die Liebe stehen, werden der paternale und der maternale Apparat der Zelle vergewaltigt.

Was passiert, wenn sich die Zellen zweier Menschen begegnen, die sich wirklich lieben? Es öffnet sich das Drehbuch der zellulären Evolution. Der Vielzeller wird vorübergehend zum Einzeller und dann wieder zum Vielzeller – durch das Programm der mesenchymal-epithelialen Transition. Es kommt nach der Vereinigung von Eizelle und Spermium zu einem Konflikt zischen dem mütterlichen und väterlichen Erbgut in den ersten Zellen des Embryos. Das genetische Material des väterlichen Spermiums dringt in die Eizelle der Mutter ein und wird von dieser umarmt und umschlossen. – Dies bedeutet (Griechisch: *das Umschlossene*).

Aber im umschlossenen Raum tobt ein Kampf der Gene um ihr Arrangement und ihre Funktion. Dieser Kampf ist die Wiege der Individualität und Voraussetzung der lebenslänglichen Anpassungsfähigkeit und Plastizität dieses neuen lebendigen Individuums, das vom ersten Augenblick an eine embryonale Menschenwürde und Souveränität hat, die es zu respektieren gilt, andernfalls erleidet der zelluläre Apparat eine Leerinkarnation. Und es resultiert eine psychosomatische Beschädigung. Sollte dennoch die Geburt gelingen, ist diese oft auch kein Aufbrechen und Abnabeln des Umschlossenen mehr.

Die molekulare Basis dieses konfliktreichen Kampfes im Genom der embryonalen Stammzellen ist die Methylierung und Acetylierung der Gene. Enzyme, sogenannte *Methylasen* und *Acetylasen* übertragen Methyl- und Acetyl-Gruppen, die aus Aminosäuren stammen, auf die Promotor-Region der Gene und entscheiden dadurch über die Entstehung des *Epigenoms*, der Programmiersprache der Gene. Dies bleibt auch nach der Geburt so.

Ein Leben lang entscheiden Methylierung und Acetylierung über den Funktionszustand der Gene:

- ob sich eine Zelle teilt oder nicht,
- welche Aufgaben die Zelle wahrnimmt,
- in welche Richtung sie sich entwickelt,
- wann die Zelle altert und wie,
- ob sie im Falle einer Beschädigung repariert wird, stirbt oder entgleist (= Krebs).

Durch Methylierung und Acetylierung kann die Zelle lernen und auf die Umwelt reagieren, sie kann gute oder schlechte Eigenschaften erwerben und vererben.

Das ernste Spiel des Lebens beginnt mit der Zeugung. Deshalb darf die Zeugung kein technischer Vorgang sein, sonst wird dieser Konflikt zwischen paternalem und maternalem Apparat der Zellen nicht ausgetragen und es resultiert kein wirklich neues oder gesundes Epigenom, nur ein geklonter Gnom mit beschädigten strukturellen und emotionellen Elementen.

Nur eine gesunde und natürliche Epigenomik garantiert das Wunder der Menschwerdung und des

Menschbleibens. Dazu gehört, negative Einflüsse abwenden zu können, die Stressresistenz eines künstlich geschaffenen Organismus ist allerdings geringer. Auch leidet das industriell geschaffene Leben unter einer Verkürzung der Telomere, die Stabilisatoren der Chromosomen.

Die künstliche Evolution, d. h. die Manipulation des Genoms, beschädigt die natürliche Evolution. Am schädlichsten ist dabei die Korrespondenzstörung der Stammzellen mit dem Gehirn. Auf diese Weise bekommt die epithelial-mesenchymale Transition – die der Garant der Kreativität und Anpassungsfähigkeit der Zelle ist, der Motor der Evolution, aber auch das Einfallstor ontogenetischer Regressionen – von Anfang an einen Knacks. Dies darf nicht zugelassen werden, denn am Ende stehen der Verlust der Apoptosefähigkeit und die Unfähigkeit, mit den gestaltbildenden Feldern der Umwelt zu korrespondieren. Nur wenn von Anfang an die Verknüpfung der mütterlichen und väterlichen Elemente der Zelle in einem ungestörten gestaltbildenden Feld der Seelen beider Partner zu einem neuen Netzwerk möglich ist, bleibt die Evolution offen, andernfalls gerät sie in eine Sackgasse.

Es müsste eigentlich jedem klar sein, dass die Vergewaltigung des Schöpfungsaktes molekulare Unfälle nach sich zieht und dass aus einer Unfallserie

kein neuer Fahrzeugtyp entstehen kann. Wir zerstören durch solche Eingriffe die Selbstorganisations-
fähigkeit der Zelle und tangieren ihre Bewusst-
seinsebenen, denn die Zelle hat ein Gedächtnis.

Es ist ein Irrtum anzunehmen, dass Information, die
Essenz alles Lebendigen, stets an Materie gebunden ist. Das Geheimnis der Gene liegt nicht in der
unterschiedlichen genetischen Information, sondern
in der Regulation dieser: Vom Genom über das
Epigenom zum Proteom. Hinzu kommt dann noch
ein Stoffwechsel, d. h. die Fähigkeit der Zelle,
Energie von außen aufzunehmen.

Durch aggregierende Polymerketten entstanden und
entstehen separierende Membranen und damit individuelle Funktionsensembles: Zellen, an denen sich
die Evolution betätigen konnte und kann. Am Ur-
sprung der Evolution stand also nicht der Zufall,
sondern die Fähigkeit zur Selbstorganisation. Als
dann noch die Mitochondrien in die Zelle eindran-
gen, erhielt die Zelle jene Energetik, die ihr die
Evolution zum Menschen hin ermöglichte. Es entstand ein System, das über so viel Selbstbewusstsein verfügt, dass es zu sich selbst in Distanz treten
kann. Es entstanden zelluläre und neuronale Netzwerke mit der Fähigkeit zu Mimik, Gestik und Sprache, eine motorische Geschicklichkeit der Hände,
Voraussetzung der Interaktion mit sich selbst, ande-

ren und der Umwelt, Voraussetzung um Werkzeuge und Geschichte zu schaffen, zu kommunizieren, d. h. auch zu umarmen, einzudringen und zu töten.

Die Evolution sah die Möglichkeit des Eingriffs vor, aber nicht in die Zelle und ihre gestaltbildenden Felder. Da die organisierten Vielzeller im Augenblick der Fortpflanzung wieder zu Einzellern werden, sollte diese Zelle den gleichen Schutz genießen wie das Individuum, sonst ist im Abgrund der Geschichte auch für die Zelle Platz.

Die Biotechnologie greift nun in dieses Geschehen ein, will sich die Zelle nutzbar machen, greift in einer Weise ein, dass die Zelle am Ende mit den ursprünglichen Feldern nicht mehr korrespondieren kann. Aus Chemie wird nie Leben. Insofern sind die Biotechnologen dümmer noch als die alten Alchemisten.

Die Urzelle folgte bei ihrer Entstehung einem Plan. Ein Plan verkörpert eine Idee und eine Idee ist ein Geist. Und Zellen sind geistige Wesen. Der Mensch ist ein Teil der Natur und kein von ihr abgespaltenes Wesen. Versucht er, sich zum Herrn der Zellen zu machen, wird er zum lebenden Toten, zum Gespenst. Die jetzt bereits machbaren und geplanten Manipulationen der Zelle würden, wenn aus diesen Einzellern Vielzeller heranwüchsen, ein furchtbares

Reich der Gespenster entstehen lassen. Diese sind im Buch des Lebens nicht verzeichnet und werden uns noch Lebenden eine Rechnung präsentieren: den untoten Abfall des Lebens.

Freud sah das voraus und quälte sich bis zu seinem Tode mit diesen Gespenstern, erkannte deren Bedeutung in der Pathophysik der Systeme: Gespenster sind untote Vorstellungen ohne Rückkopplung zur Liebe und zur aktuellen Realität oder künstlich durch Algorithmen erzeugte Wesen. Nach seiner Ansicht ist das Über-Ich das ewig lebende Gespenst der Eltern, eine Instanz, die ihre Stimme vertritt und in Form des Vaters den Sohn ermahnt und ihn seiner Handlungsfähigkeit beraubt. Das Über-Ich ist Erbe der ödipalen Beziehungen, der Abhängigkeit von den Eltern und der Gesellschaft, des Gehorsams gegenüber instruierenden Stimmen. Diese stabilisieren die Pathophysik der Systeme: Wenn die Vorstellungen von der Realität für wahrer gehalten werden als das Wahre, kommt es zum Realitätsexzess und dann zur Implosion der Realität. Untote Gespenster verfolgen die noch nicht Toten. Die Gespenster bieten einen Weg an, der Dialektik des Sinns zu entfliehen. Nackte Gespenster ohne Konzept tauchen auf und saugen wie Untote, die nicht sterben können, die noch nicht Toten aus, den Hauch des Todes verbreitend. Die untoten

Gespenster jagen die sogenannten *Lebenden* auch noch. Mit Realitätsprothesen wird Politik gemacht.

Die Gespenster spuken nicht nur, sie sind das Archiv der untoten Erinnerungen. Die Gespenster spalten die Zeit. Die fatalen Strategien der modernen Zeit verbinden sich mit den bösen Geistern. Die Dinge wuchern ins Unendliche. Kein Rechts- oder Mäßigungs-System hat einen mildernden Einfluss mehr.

Die Gespenster sind die Rache der Götter für die Hybris. Es gab einst zwei Brüder: Epimetheus und Prometheus. Epimetheus vergaß die Menschen und schenkte ihnen keinerlei Fähigkeiten. Prometheus schenkte ihnen Fähigkeiten der Götter. Doch dies konnte die Unzulänglichkeiten der Sterblichen nicht beseitigen und so bestimmen Prothesen und Gespenster das Leben der Menschen.

Das durch gestaltbildende Felder existierende und bisher epigenomisch vererbte und vererbbare Es beherbergt aber weitere Ich-Existenzen, an die angeknüpft werden kann. Zellen senden nicht nur Moleküle aus, sondern senden und empfangen auch Wellen und sind empfänglich für energetische Felder. Sie sind Dipole. Sie sind Antennen und verfügen über *Schaltkreise* zur Speicherung und Verarbeitung von Informationen. – Die Zelle hat ein Gedächtnis.

Der genetisch programmierte, von Handwerkern der eigenen Gattung oder gar Algorithmen hergestellte und zurechtgestutzte Mensch hat seine Autonomie eingebüßt, bevor er die Autonomiefähigkeit in der Auseinandersetzung mit seinen natürlichen Eltern, der Natur überhaupt erst gewinnen konnte. Ein genetisch maßgeschneiderter, unter Einsatz digitaler Programme der Eugenomik geschaffener Mensch hat das verloren, was Kant als entscheidendes Kriterium für den Unterschied zur Ding- und Tierwelt erscheint: die Würde (Oskar Negt). Daher ist die Realität immer die Vorstellung, die wir uns von ihr machen: *Sind die Vorstellungen erst einmal revolutioniert, hält die Realität nicht stand* (Hegel).

Das Denken und das Bewusstsein ändern sich, wenn sich der umgebende Lebensraum zunehmend aus Informationen zusammensetzt. Der Soziologe U. Beck wies kurz vor seinem Tod auf Folgendes hin[12]: *Eine digital konstruierte Welt erzeugt eine digitale Metamorphose. Die digitale Kommunikation bringt eine Weltgesellschaft hervor. Die Welt wird individualisiert und fragmentiert.*

Die Vernetzung hat ein atemberaubendes Tempo, doch zugleich scheint alle politische Ordnung sich aufzulösen und die bisherigen Wertschöpfungsket-

---

[12] Die Metamorphose der Welt, Beck, U, Suhrkamp

ten lösen sich auf, während die internationale Zusammenarbeit kollabiert. Twitter tritt an die Stelle der klassischen Diplomatie. Durch das Versagen der Institutionen entstehen neue Freiheits- und existenzielle Risiken, insbesondere da die Verfügungsgewalt über uns betreffende Informationen offensichtlich nicht mehr bei uns selbst liegt. Die Digitalisierung macht aus uns posthumane Zombies, Untote ohne freie wählbare Zukunft. Die nationalstaatlichen Demokratien sind für die kosmopolitische Diktatur des Digitalen nicht gerüstet und verwandeln sich immer schneller hinterrücks in totalitäre Regime:

Von der Hegemonie zur digitalen Anarchie

Es kann daher vor einer Umkonstruktion, Verbesserung oder Dekonstruktion der Zelle(n) nur gewarnt werden.

Wir müssen uns aus dem Gestell der Technologien befreien (frei zitiert nach Heideger) und an das Schicksal Kassandras erinnern: Kassandra, die Tochter des trojanischen Königs Priamos wurde von Apollo begehrt. Um sie zu verführen, schenkt er ihr die Gabe des Sehens. Da sie sich nicht verführen ließ, geriet Apollo in Zorn, konnte aber die ihr geschenkte Fähigkeit des Sehens und Erkennens nicht rückgängig machen, nur etwas hinzufügen: und so pflanzte er in die Menschen die Unfähigkeit zu vertrauen und sich zu beschränken. Damit nahm er Kassandras Sehergabe die Kraft. Kassandra warnte die Menschen vor der Gefahr, die von ihrem Bruder Paris ausging, sie durchschaute die Listen des Odysseus und sah auch den Tod Agamemnons voraus, aber all dies wurde verkannt, man schenkte ihr keinen Glauben. Nach dem Fall Trojas wurde sie von Ajax vergewaltigt und als Sklavin nach Mykene verschleppt, wo sie dann erschlagen wurde.

Es gilt also, das Verhältnis von Liebe, Lust und Macht und den Umgang mit der Fortpflanzung und den Zellen neu zu definieren, die Hemmungs- und Erregungs-Zustände anders zu regulieren. Dabei gilt es neben den Neuronen die Gliazellen des Gehirns besser zu verstehen und zu behandeln. Wir benötigen sozusagen eine Theorie und Praxis der *Glionen*[13].

---

[13] *Cellular diagnostics and molecular therapy of diseases and function disorders of the brain*, Kübler, U, Schnepel, J., Brain Tumor Berlin 2015

In der Evolution ist die Fähigkeit zur Transition, zum Übergang angelegt. Der Mensch als Schöpfergott seiner selbst ist, gebunden an Raum und Zeit, nicht als Bewältiger der Ewigkeit geeignet. Es gehört Mut und Selbstdisziplin dazu, der Industrialisierung des Lebens Grenzen zu setzen. Die Ermächtigung des Menschen zum Mitgestalter der Evolution, nicht zum Usurpator, bedeutet jedoch nicht dessen Eintritt in eine Puppenstube, sondern die Auferlegung der schwersten Bürde: Der Mensch ist wieder allein in seinem individuellen embryonalen Gehäuse und strebt nach Überwindung der Einsamkeit, der Endlichkeit, der Ängste und der Schmerzen.

Aus dieser Verantwortung weht der kalte Wind der Sterblichkeit angesichts der Unendlichkeit. Der Mensch muss sich befreien vom Diktat der Genetik und um eine neue *conditio techno-humana* ringen. Der Weg ist gefährlich: Unter dem Druck, sich selbst zu entgrenzen und ökonomisch nützlich zu handeln, erzeugen auf die Zelle gerichtete Technologien das Risiko, dass der Mensch nichts mehr weiter ist als eine technisch erzeugte Wirkung. Die Seele als ein gestaltbildendes Feld, das materielle Körper organisieren kann, wird abgeschaltet: Darin besteht das Schicksal, das uns am Ende aller Befreiungen und Verführungen in der molekularen Hölle, die wir den Zellen bereiten, erwartet.

Wenn der Akt der Schaffung des Lebens nicht mehr aus dem Koitus heraus erfolgt, wenn das Ovum und das Spermium nicht mehr personal gebunden sind, entsteht eine neue Topografie, vollzieht sich die Implosion des Realen.

Zellen sind keine Mannequins der Macht oder der Mächtigen, sondern unabhängige Träger des Lebens, gegenwärtige Mittler zwischen Vergangenheit und Zukunft. Wer sie dekonstruiert, umkonstruiert, instrumentalisiert, vergrößert oder verkleinert, digitalisiert, vereinzelt, vermischt stürzt in Abgründe; eine künstliche Auferstehung wird es nicht geben, nur die Referenzlosigkeit der Bilder.

Nach der Dekonstruktion des Realen und der Konstruktion des Sozialen durch die Industrialisierung der Zelle, tritt das Ende der Geschichte ein. Heidegger würde sagen: *Das Leben im Schein als Ziel und die Technik als Gestell und der Mensch im Gestell.*

Jaspers fand heraus: *Die Realität in der Welt hat ein verschwindendes Dasein zwischen Gott und Existenz.*

Die Naturwissenschaften sind außerstande, die Folgen und Ziele ihres Tuns zu kontrollieren. Durch die Dekonstruktion der Zelle und damit des Daseins sind wir in ein neues Zeitalter eingetreten.

Eros und Thanatos streiten um die Zelle. Welche Kräfte wirken dabei auf die Zelle ein?

- Gravitationsfelder
- elektromagnetische Felder
- Quantenfelder
- gestaltbildende Felder

Faraday kam bei der Erforschung des Magnetismus zu der Erkenntnis, dass von einem Magneten Feldlinien ausgehen. Niemand kann sie sehen, aber sie sind real. Sie bestehen nicht aus Materie. Welcher Art also ist ihre Realität? Sind sie Zustände eines immateriellen Mediums oder des Raumes? Faraday nahm das Letztere an. Er nahm an, dass Materie-Teilchen Schnittpunkte sich überschneidender Kraftlinien sind. Er nahm an, dass Kräfte die einzige physikalische Substanz sind. Er ging weiter davon aus, dass der ganze Raum von dieser Substanz ausgefüllt ist und jedem Punkt des Kraftfeldes eine bestimmte Menge an Kraft zugeordnet ist. Alle Punkte stehen miteinander in Wechselwirkung, sodass Schwingungsmuster entstehen.

Für Einstein war das überflüssig. Es passte nicht in seine Theorie. Nach seiner speziellen Relativitätstheorie durchzieht das elektromagnetische Feld den leeren Raum und das Feld besitzt keinerlei mechanische Basis. Es kann jedoch in Wechselwirkung mit der Materie treten. In seiner allgemeinen Relativitätstheorie dehnte Einstein den Feldbegriff auf Gravitationsphänomene aus. Es gelang ihm jedoch nicht, eine einheitliche Feldtheorie zu formulieren.

Die Quantentheorie erlaubte dann einen Quantensprung: Auf ihrer Basis entstand die Theorie des Quanten-Materie-Feldes. Die Quanten-Materie-Felder sind von anderer Art als elektromagnetische Felder, doch ebenso real. Es gibt ebenso viele Materiefelder wie Teilchen. Die Materiefelder können mit den elektromagnetischen Feldern in Wechselwirkung treten. Die Felder sind Zustände des Raumes und dieser ist nicht leer, sondern voller Energie. Auf der Suche nach einer letzten Theorie stehen die Physiker inzwischen vor einem Nichts.

Ein wesentliches Merkmal gestaltbildender Felder ist ihre unscharfe Begrenzung, sie stellen Wahrscheinlichkeitsstrukturen dar. Das gestaltbildende Feld eines Organismus stabilisiert seine Teile oder das Ganze und begünstigt die Entwicklung symmetrischer Strukturen.

Schönheit ist eine solche Symmetrie. Das Erkennen der Schönheit löst einen Symmetrie-Impuls aus. Es war eine Frau, die Mathematikerin Emmy Nöther, die das nach ihr benannte Theorem entdeckte, das überall – in jeder Sphäre – gilt: Jeder Symmetrie-

Transformation entspricht eine bestimmte physikalische Erhaltungsgröße:

- der zeitlichen Transformation die Energie,
- der räumlichen Transformation der Impuls,
- der Drehung der Drehimpuls,
  und ich setze hinzu:
- dem Erkennen der Schönheit der erotische Impuls.

Erotische Impulse schaffen neue Realitäten oder erweitern die Realität.

Bei Proteinen wird die Struktur nicht nur durch die Abfolge der Aminosäuren, sondern auch durch die gestaltbildenden Felder bestimmt. Wir können somit die gestaltbildende Resonanz als Korrespondenz zwischen der aktuellen Eigenschwingung eines aktuellen Organismus und dem Muster vergangener Organismen sehen, stabilisiert durch Raum und Zeit. Diese sind also keine Gegner, sondern Partner.

Gebunden an Raum und Zeit reist das Leben durch die Ewigkeit.

Kann und sollte Biotechnologie kontrolliert werden?

Ist es etwa kein Todestrieb, der geschlechtliche Wesen zu einer ungeschlechtlichen Reproduktion antreibt? Keine Mutter mehr, kein Vater mehr, nur noch Matrix – das ist das Ende des Körpers und seiner Seele.

Wenn jede Zelle des ursprünglichen Körpers, der aus der Tiefe der Zeiten kommt, zu einer klonbaren embryonalen Prothese wird, dann ist das nicht nur das Ende des Körpers, sondern das Ende der Geschichte, die Abschaffung der Zukunft. Das ursprüngliche Individuum ist dann nicht mehr, als eine krebsartige Metastase seiner Grundformel.

Wenn die individuelle Anatomie aufgelöst wird, ist sie nicht mehr das Schicksal, sondern Biopolitik. Es entstehen posthumane Zombies und von der Enucleation gelangen wir über die Deformation zur Destruktion.

Die eigentliche Bedrohung des Menschen kommt aus dem Nicht-Wesentlichen

Die Verlängerung und Expansion des Lebens ist nur um den Preis der epigenomischen Manipulation und Negation vorübergehend möglich. Die staatlichen Mächte nehmen sich wie im alten Griechenland das Recht über Leben und Tod. Agamben hat recht mit seinem Diktum: *Souverän ist, wer den Ausnahmezustand verhängen kann.*

Tatsächlich ist die Zelle der Souverän des Lebens, sie ist der lebendige Mittler zwischen Vergangenheit und Zukunft. Sie darf niemals versklavt oder manipuliert werden. Sie ist Träger der embryonalen Menschenwürde.

Da der erwachsene Mensch ein Vielzeller ist, der bei der Fortpflanzung wieder zum Einzeller wird und die Biopolitik ihn zum Hyperzeller werden lassen möchte, ist hier eine Deklaration zum Schutz der Integrität der Zelle nötig. Der Staat maßt sich eine innerhalb und außerhalb des Rechts stehende Souveränität nur an und setzt dabei die Experimente der Eugenik fort: Was künstlich geschaffen wird, kann und wird manipuliert und künstlich beendet werden. Der Mensch wird damit zum Nutztier. Müssen wir daher weg von der Zentrierung auf den Körper und seine Zelle?

Es geht darum, unsere bisherige Logik der Komplexität der Aufgaben anzupassen. Derzeit kämpft unsere Kultur gegen die Grundprobleme der Ökonomie und Ökologie und gegen die Trennung von Körper, Zelle und Geist durch technische Instrumentalisierung. Wenn das so weitergeht, wird die menschliche Struktur durch ein Konstrukt, im heideggerschen Sinne *Gestell* genannt, ersetzt.

Wir müssen Widerstand gegen die Zumutungen der Entmaterialisierung des Lebendigen, der Fortpflanzung und der Sexualität leisten. Diese Zumutung wird offensichtlich von der Gesellschaft entweder nicht erkannt oder billigend in Kauf genommen.

Furchtbares hat die Menschheit sich antun müssen und wird sie sich weiter antun: Durch Klonierung schafft der Mensch seinen eigenen Ödipus und wer gegen eine entsinnlichte Kultur protestiert, bekommt von dieser hedonistischen Gesellschaft Prügel, so wie kürzlich Frau Lewitscharoff, als sie gegen die perverse Selbstermächtigung protestierte.

Die Zelle kommt unter eine Diktatur der Algorithmen, die zu einer Zerlegung des Organischen führen wird. Zur Diktatur der Algorithmen: Wenn alles gespeichert wird und bleibt, haben Sie keine Vergangenheit mehr und keine Zukunft. Sie sind dann ein *algorithmisch konditionierbarer Untoter.*

Alles bleibt Gegenwart und es gibt keine Vergangenheit mehr, keine Zukunft. Die Algorithmen gehen ihre Wege, der Mensch lebt in einer Maschinenwelt, nicht umgekehrt. Der Mensch als Teil der Maschine, deshalb geht es um alles für alle: Freiheit oder Unfreiheit. Es gibt keine Rückkehr der Zelle, des Körpers, weil wir dabei sind, sie zu zerstören.

Die Algorithmen der digitalen Revolution/Diktatur zerstören die biologischen, anthropologischen sowie kulturellen Regulations-Dispositive, die in Jahrtausenden gewachsen sind. Die Veränderungen erfolgen so rasant, dass sie von Implosionen, Explosionen und Realitätsexzessen begleitet werden:

- Klonierung von Stammzellen,
- überstürzter Einsatz von DNA- und RNA-Technik,
- Erzeugung von Organen.

Es fehlen eigentlich nur noch Hirn- und Realitätsprothesen, um den Menschen in einen kybernetischen Automaten umzuwandeln; im Ergebnis werden die Wissenschaften und die Technik antihumane Disziplinen.

Es ist noch anzumerken, dass der Geno- und Phenotypus nicht nur des Menschen, sondern auch der Tiere und der Pflanzen heute bereits verändert wird durch die Bio-Engineering-Maßnahmen, die die Gesellschaft zunehmend für selbstverständlich und begrüßenswert hält. Statt dessen benötigten wir eine Haltung des reflektierten Widerstandes und einen Willen zum Schicksal.

Kafka wies darauf hin, dass der Mensch zwar den archimedischen Punkt gefunden habe, dass er ihn aber gegen sich selbst verwende.

Der Staat und viele Menschen weigern sich, die konkrete Situation der Spezies Mensch zur Kenntnis zu nehmen, denn hinter allem lauert das Politische und Ökonomische: nackte Gespenster ohne Konzept, umringt von Zwergen. Im Grunde begeht die Gesellschaft kollektiven Selbstmord. Sie hat es bloß noch nicht gemerkt.

Was haben wir vor uns? Den eigenen Ödipus, Gespenster, untote Zombies? Aber es wird der Menschheit eingeredet, sie müsse weiter auf diesem Weg gehen, um eine Antwort auf die durch ihre originäre Krankheit ausgelösten Ängste und Leiden zu finden. So das unauflösbare Versprechen.

So bleibt zu fordern es so zu lassen, wie es ist oder ein Techno-Moratorium auszurufen, was garantiert nicht funktionieren wird. Wir müssen die Seele und ihr gestaltbildendes Feld wieder erkennen und respektieren.

Die Macht des Weiblichen ist die Macht zur Verführung. Die Verführung ist immer einzigartiger und sublimer als der Sex. Die Verführung ist die Beherrschung des symbolischen Universums, während die Macht lediglich die Beherrschung des realen Universums repräsentiert.

Das Weibliche ist aber nicht nur Verführung, es ist eine Herausforderung an das Männliche, das von sich glaubt, das Geschlecht schlechthin zu sein, das Sex- und Lustmonopol innezuhaben, eine Herausforderung an das Männliche, bis zum Ende seiner Vormachtstellung zu gehen. Unter dem Druck dieser Herausforderung bricht heute die Phallokratie zusammen: Aus der spontanen Sexualität wird geregeltes Begehren, geregelte Fortpflanzung, geregelte Epigenomik gemacht. Geregelt heißt leider immer auch Überwachung, Zensur, Manipulation.

Die identitätsbildende Kraft einer auf normalem Wege eintretenden Schwangerschaft geht dem Embryo und der Nachwelt verloren. Diese Selbstermächtigung ist Hybris. Es wird nur noch die äußere Gestalt des Lebens nachgeahmt:

Das Ende aller Illusionen naht, das Wesentliche geht verloren, es bleiben die Hüllen: Zellmembranen, manipulierte Kerne, Mitochondrien, maternale, paternale, gemischte Mitochondrien – Untote und andere Überlebensformen.

Der Mann musste sich bisher anstrengen, lebende Objekte hervorzubringen. Bisher bedurfte es dazu der Frau; sie spendete das Leben, dies durfte entstehen durch einen Akt der Vereinigung zweier Vielzeller zu einem neuen Einzeller, aus dem dann wieder ein Vielzeller wurde. Früher hieß es Vielzeller, Einzeller plus Einzeller, Zweizeller, neuer Vielzeller. Heute heißt es: doppelter Mitochondriensatz.[14]

Es erfolgte auf die orgiastische Vereinigung eine normale Entwicklung nach vorgeschalteter Auseinandersetzung zwischen dem paternalen und maternalen Apparat. Heute kulminiert eine mehr oder weniger günstig verlaufende Schwangerschaft in eine Art von Geburt, die mehr einem fortgesetzten Notfall ähnelt und meistens durch Kaiserschnitt beendet wird, da eine Geburt per via naturalis für den Embryo und die Mutter heutzutage nur noch selten möglich oder zumutbar ist.

Früher stand die Lust oder die Illusion oder die Verführung an der Wiege, heute die Pathophysik der Algorithmen.

Die Apokalypse beginnt schon, bevor sie eintritt: der perfekte Exzess.

---

[14] Ethik war gestern, FAZ 8.5.2013

Selbst Gott wird nicht genügend Kraft haben, dieser Sinnvernichtung zu widerstehen. Er hat vielleicht schon aufgehört zu kämpfen. Am Ende steht dann auch noch eine geregelte Epigenomik. *Geregelt* heißt leider immer wieder auch: überwacht, zensiert. Der Macht der Natur ist nicht zu entkommen. Wer sich über sie stellt, kann nur die Zelle zerstören. Wir dürfen die Zelle und uns selbst nur in geistiger und sexueller Zwiesprache mit den Kräften der Natur verändern oder weiter entwickeln, wenn denn überhaupt.

Die Zelle ist ein ebenso offenes wie geschlossenes System (*Embryos*): Sie schützt uns, sie trägt uns, sie hat uns ermöglicht, sie verbindet die Vergangenheit mit der Zukunft, das Gewesene mit dem zukünftigen Sein. Sie ist oder sollte ein Kontinuum sein, in das nicht ohne Weiteres eingegriffen werden darf, weil sonst das Kontinuum der lebenden Zelle gefährdet werden könnte.

Die Erfindung der Individualität wäre nicht möglich gewesen ohne die Methylierung und Acetylierung des Genoms. Aminosäuren sind also notwendige Motormoleküle der Evolution. Sie helfen beim Speichern und der Weitergabe persönlicher Erfahrungen. Sie bedingen das historische Gedächtnis der Zelle.

Bei Angriffen auf genomischer Ebene, beispielsweise durch die *CRISPR/Cas-Technologie* ist es möglich, das Epigenom zu verändern oder zu beschädigen. Es sei Goldgräbern des Genoms, die sich dieser Technologie bedienen wollen, ins embryonale Stammbuch geschrieben – mit der Bitte um Wahrung der embryonalen Menschenwürde.

Man kann mit dieser Technologie nicht nur adulte Zellen, sondern auch Keimbahnzellen, also embryonale Stammzellen verändern. Das reicht dann bis zur Schreckensvision der Menschenzucht, also der Optimierung von Intelligenz, Aussehen und Leistungsfähigkeit.

Zunächst wird man wohl versuchen, Erbkrankheiten zu eliminieren. Dann wird man auch Schimären herstellen, also beispielsweise humanoide Schweine, um deren Organe kranken Individuen zur Verfügung zu stellen.

Diese Vorgehensweise wird durch das deutsche Embryonenschutzgesetz noch untersagt, auch durch das Dokument *dignitas persone* der katholischen Kirche aus dem Jahre 2008, welches Eingriff in die *Keimbaren* verbietet. Sollte sich jedoch diese Technik etablieren, *muss man sie ethisch integrieren, sich also dazu ethisch verhalten,* so Weihbischof Lohsinger, Mitglied der deutschen Ethik-Kommission, die sich mit solchen Fragen beschäftigt.

Falsch ist, was Herr Prof. Hacker in der *WELT* erklärt hat, dass die *CRISPR/Cas-Technologie*, die im Rahmen des *Genomic Editing* zum Einsatz kommt, keine mutagenen Effekte habe und erlaubte Biotechnologie sei. Selbstverständlich kann man durch Einsatz dieser Technologie Mutationen nicht nur beseitigen, sondern auch erzeugen. Die Technologie ist auch keineswegs sicher: je intensiver sie genutzt wird, also je mehr molekulare Skalpelle in die Zelle eingebracht werden, desto mehr Fehler werden gemacht. Denn auch dieses Verfahren hat eine sogenannte *Off-Target-Aktivität*, ist also nicht absolut spezifisch.

Jede Zelle entsteht aus Sphären, die ihrerseits aus der Interaktion von Aminosäuren mit Wasser entstanden sind. Die Sphären umschließen Informationen. Kommt ein Energieträger hinzu, beispielsweise energiereiche Moleküle durch Fotosynthese entstanden, und sind morphogenetische Felder aktiv, so können sich die Moleküle an morphogenetischen Koordinaten orientieren und es kann prinzipiell jeder komplexe Organismus entstehen. Morphogenetische Koordinatoren sind keineswegs komplett bekannt, geschweige denn verstanden. Man muss annehmen, dass es sie gibt. Mehr weiß man nicht.

Man befindet sich hier also auf sehr unsicherem Terrain. Entdeckt man einen Fehler, so wird die Erfindung der Individualität und damit die Einmaligkeit des Menschen und der Wesen rückgängig gemacht. Hinzu kommt, dass jeder Mensch genetische und epigenetische Schwächen hat. Sie gehören zu ihm. Niemand hat diese auszubeuten. Weder der Staat, noch die sogenannte *personalisierte Medizin*. Sie wird sonst zur maßgeschneiderten Manipulation im Rahmen des *Genomic Editing*. Die Gesellschaft überträgt dabei dann ihre Vorstellungen vom guten und gesunden Leben auf die individuelle Zelle.

Das sind gefährliche Eingriffe in das natürliche Kontinuum, das seit Jahrmillionen existiert.

Erwin Chargaff, der an der Wiege der Entdeckung der DNA-Struktur stand, sagte gegen Ende seines Lebens immer verzweifelter, man hätte den Zellkern so behandeln sollen wie die Spaltung des Atomkerns: *Die Finger davon lassen.*

Heutzutage werden Zellen über die Möglichkeiten definiert, die in ihnen stecken, und diese sind nahezu unbegrenzt. Der Mensch wird zum Mitschöpfer und es kommt zu einer Veränderung und Beschleunigung der Evolution, wobei keineswegs nur Fortschritt, sondern auch Regressionen möglich ist.

Dem Menschen ist also eine evolutionäre Macht zugewachsen, ebenso der Medizin. Dies ist die schwerstmögliche Bürde. Evolutionen zum Guten wie zum Schlechten werden möglich. Leben aus der Petrischale wird möglich, Organe auf Bestellung werden möglich.

Albert Einstein sagte, Gott würfle nicht mit dem Universum. Werden wir das mit der Zelle tun? Ich vermute, ja. Denn bisher wird die Entwicklung der Algorithmen für die künstliche Intelligenz und die digitale Identität des Menschen dem Markt, der Industrie und den Geheimdiensten überlassen. Der Staat partizipiert parasitär. Der Bürger wird vor vollendete Tatsachen gestellt.

Der Ablauf des Unvermeidlichen

Am Ende wird der Geist über den Wassern sein. Der Mensch verliert die Kontrolle an die Algorithmen. Es folgt die Algorithmisierung des Guten, Wahren und Schönen oder die Expertokratie des Notstandes.

Das Gute, Wahre, Schöne – wo ist es hin?

Was künstlich geschaffen wird, wird künstlich beendet werden. Bots und künstliche Algorithmen werden eingesetzt, Eine perfekte Überwachung allemal und überall.

Eine offene Zukunft und Hoffnung ist das Wichtigste, was eine Zeit besitzen kann. Aber Geschichte lässt sich nicht vorausbestimmen: Der faustische Mensch wird zum Sklaven seiner Schöpfung und der Daten. *Eine Macht lässt sich nur durch eine andere stürzen, nicht durch ein Prinzip ... Wir haben nicht die Freiheit, dies oder jenes zu erreichen, aber die, das Notwendige zu tun oder Nichts. Eine Aufgabe, welche die Notwendigkeit der Geschichte gestellt hat, wird gelöst, mit dem einzelnen oder gegen ihn* (Spengler, *Der Untergang des Abendlandes*). *Die digitale Maschine ist die listigste Waffe gegen die Natur. Durch sie erliegt alles Organische der um sich greifenden Organisation* (frei zitiert nach Spengler, *Der Mensch und die Technik*, Beck 1936).

Wenn im Unendlichen dasselbe sich wiederholend ewig fließt, das tausendfältige Gewölbe sich kräftig ineinander schließt; strömt Lebenslust aus allen Dingen, dem kleinsten wie dem größten Stern, und alles Drängen, alles Ringen ist ewige Ruh in Gott dem Herrn, schrieb Goethe.

Wenn die Algorithmen die neuen Götter sind, was dann? *Diktatur der Algorithmen* oder *Pax technologica* (technologischer Frieden)?
Wahrscheinlich beides.

Zeitfracht Medien GmbH
Ferdinand-Jühlke-Straße 7
99095 Erfurt, Deutschland
produktsicherheit@kolibri360.de